빙하 곁에 머물기

빙하 곁에 머물기

신진화 지음

지구 끝에서 찾은 내일

글항아리

백야 현상으로 자정에도 밝은 그린란드.

생을 마감하는 러셀 빙하.

빙하의 냄새를 맡는 사람

✦✦✦

논문 서론의 마지막 문단을 작성하던 중이었다. '본 연구를 위해 로키산맥에 위치한 컬럼비아 빙원에서 10.2미터 깊이의 빙하 코어를 뚫었습니다.' 문장을 쓰고 읽어보는데 뭔가 대단한 플렉스를 한 기분이 들어 웃음이 났다. 빙하 코어 ice core 는 대륙에 쌓인 빙하를 원통형 드릴을 이용해 수직 방향으로 채취한 시료다. 극한의 환경으로 들어가는 일이나 현장에서 일하는 것도 어마어마한 돈과 시간이 드는 일인데 과학적 궁금증을 채우러 마치 뒷산으로 산책 가듯 빙하 시료를 쉽게 얻은 것 같아서 저 문장을 쓰다 웃음이 났다.

나는 빙하 코어로 과거 기후를 연구하는 빙하학자다. 이 연구를 시작한 지 12년쯤 되었지만 아이러니하게도 빙하가 존재하는 극 지역 빙하 시추 현장에는 최근에야 갈 수 있었다. 현장에 다녀오기 전까지는 영화 「투모로우」의 잭 홀 박사가 남극에서 빙하를 시추하는 모습을 보며 내가 실험실에서 쓰는 샘플이 저렇게 얻은 것이겠거니 상상했다. 큰 비용이 드는 일인 만큼 제한된 인원만 참여할 수 있고 선발되지 못한 나는 염치없이 매번 누군가가 시추한 빙하 코어를 통해 데이터를 얻었다. 연구 활동 중 대부분을 실험실에서 데이터를 얻는 데 쓰고 나머지 시간은 실험 결과를 이용해 책상 앞에서 빙하에 기록된 과거의 의미를 읽어내는 작업을 해왔다.

빙하학을 접한 것은 2005년 학부생이던 시절 학교에서 제공하는 해외 탐방 프로그램으로 미국 스크립스 해양연구소를 방문했을 때다. 연구소에 근무하는 한국인 대학원생들과 야외 테라스에서 점심을 먹고 일어서는 순간 테라스 인근에 차가 도착했고 누군가가 급히 뛰어나왔다. 바빠서 함께 점심을 먹지 못한 다른 박사과정생이었다. 그는 차에서 내리며 우리에게 인사를 건넸다. 학자들에겐 연구 주제가 곧 자신의 이름인 셈이라 연구 주제로 자기소개를 하곤 하는데, 그는 우리를 보며 자신을 '빙하학도'라고 했다. 빙하라는 단어를 들으며 나는 남극이나 그린란드를 뒤덮은 두툼한 빙상ice sheet을 떠올렸다. 그러나 그 빙하로 뭘 연구하는지는 이해가 안 됐다. 심지어 모국어로 이야기를 나누는 중이었는데 말이다. 언어 장벽은 없었지만 이해의 장벽을 느꼈다. "빙하를 연구합니다"라는 그의 말은 마치 목적어만 있고 주어와 동사는 없는 문장 같았다. 그 말을 이해할 수 있게 된 건 몇 년 후 그의 석사 논문 지도하에 남극에서 시추한 빙하로 과거 이산화탄소 농도를 복원하면서부터였다. 빙하는 눈이 내리는 당시의 기후와 환경에 대한 정보를 가지고 있는 물질이었다. 그러니까 빙하는 일종의 '기후 유언장' 같은 것이었다.

지구의 평균온도는 약 섭씨 15도다. 그러나 지구 모든 곳이 균등하게 15도를 유지하는 것은 아니다. 15도보다 더 높거나 낮은 곳도 있다. 남극대륙, 그린란드 그리고 고도가 높은 산은 여름에도 0도 이하로 몹시 춥다. 그래서 이 지역에는 연중 내내 비 대신 눈이 내린다. 그 눈은 차곡차곡 쌓이고 포개져서 결국 빙하가 된다. 그리고 빙하학자들은 이런 곳을 찾는다.

빙하엔 당시의 대기가 보관되어 있다. 대기 중에 떠돌고 있는 먼지, 해염과 연소 과정에서 발생한 검댕soot 같은 에어로졸도 눈과 함께 축적된다. 빙상의 최상부엔 신선한 눈이 있지만 깊이 내려갈수록 눈이 압력을 받아 눈도 얼음도 아닌 중간 단계 펀firn 상태가 된다. 60~110미터 깊이에 이르면 눈은 얼음이 된다. 빙하가 형성되는 동안 대기는 최상부에서 눈송이 사이를 왔다 갔다 하며 순환하다가 시간이 지나 더 많은 눈이 쌓이면 눈송이 간격이 좁아지고 대기가 확산의 원리에 따라 이동한다. 그러다 약 60~110미터에서 최종적으로 대기가 빙하 속에 포집된다. 따라서 빙하에는 당시의 눈뿐만 아니라 대기와 에어로졸까지 보존돼 빙하학자들은 빙하를 '냉동 타임캡슐'이라 부르기도 한다.

빙하 샘플을 처음 봤던 때가 생각난다. 남극 현장에서나 입을 법한 두툼한 옷과 신발을 신고 뒤뚱거리며 섭씨 영하 20도의 냉동고에 들어갔다. 몇 제곱미터 안 되는 냉동고에서 지름 10센티미터, 길이 1미터인 원통형의 긴 빙하 코어를 자세히 들여다보았다. 빙하가 쌓이던 당시 날씨가 따뜻해 잠시 녹았다가 다시 언 자국이 보였다. 그리고 눈들이 켜켜이 쌓인 층들도 보였다. 고기 뼈를 자를 때 쓰는 기계톱으로 1미터 길이의 빙하 코어를 아주 작게 잘라 빙하 표면을 보았다. 우리가 평상시에 접하는 투명한 얼음과 다르게 작은 공기 기포가 보였다. 그 공기 방울은 눈이 쌓이고 빙하가 되는 과정에서 포집된 과거의 대기다. 빙하 표면을 따뜻한 손으로 문질러보니 '타다닥' 소리를 내며 과거 공기가 터져나왔다. 빙하 속 공기를 잘 빼내어 실험 기기가 분석할 수 있을 정도의 양을 모으면 이산화탄소나 메탄 등 온실가스를 복원할 수 있다.

빙하를 녹인 물을 이용하면 당시 기후와 환경을 추정하거나 복원할 수 있다. 눈은 산소와 수소로 구성되어 있고 이 원소들의 동위원소를 이용하면 눈이 쌓인 당시의 온도를 추정할 수 있다. 눈은 내리던 당시의 에어로졸을 포함하고 있다. 사하라사막의 먼지나 화산 폭발로 분출된 화산재가 지구 대기를 떠돌다 빙하에서 발견되기도 한다. 심지어 해안가와 멀리 떨어져 있어도 바람에 의해 염분이 빙하에 기록될 수도 있다. 우리가 위험한 줄 모르고 한때 맘껏 썼던 유기 염소 계열인 살충제 DDT 같은 물질도 눈에 함께 뒤엉켜 쌓여 있다. 그래서 빙하를 이용하면 대기의 상태, 화산활동과 같은 과거 기후와 환경 자료를 복원할 수 있다.

빙하는 과거로 돌아갈 수 없는 우리에게 들려주고 싶은 이야기를 남겨둔 셈이다. 아무리 감추고 싶은 세상의 비밀도 빙하는 다 알고 있다. 과학자는 자연에서 얻은 자료를 객관적인 관점으로 해석하고, 빙하에 기록된 그 모든 것을 사람들이 알아들을 수 있는 언어로 뱉어내고, 지구의 비밀을 들추어내야 한다.

빙하가 약 46억 년이라는 지구의 역사를 다 들려주면 고맙겠으나 아쉽게도 빙하만으로는 안 된다. 지구에 빙하가 존재한 역사가 짧기 때문이다. 지금까지 남극에서 시추한 빙하 코어로 80만 년 동안의 기후와 환경을 연속적으로 복원했고 그린란드 빙하 코어로는 12만 년 동안의 것을 복원했다.

내가 지구의 과거를 들추는 빙하학자가 된 것은 작은 눈들이 쌓여 빙하가 된 과정과 비슷하다. 학창 시절엔 그저 순수하게 지구과학이란 과목을 좋아하는 학생이었다. 시험 기간에 스트레스를 받으면 지구과학을 공부했고 슬럼프가 와도 지구과학을 공부했다. 그러나 실용적인 학문이 아니어서 선뜻 지구과학으로 밥벌이를 하고 싶다는 생각은 할 수 없었다.

지질학과에 입학해서는 지구의 역사가 좋아 공룡 발자국을 쫓는 선생님 옆에서 중생대를 공부했다. 학부를 마치고는 지구과학으로 먹고살겠다는 소망을 접고 연봉 순위가 높은 기업부터 원서를 넣어 대기업에 입사했다. 빙하학을 선택한 것은 퇴사 후 대학원에 들어가야겠다고 마음먹고 난 뒤였다. 한국의 모든 지질학과 홈페이지에 들어가 거기 소개된 물질 중 지구의 역사를 연구할 수 있으면서 가장 섹시해 보이는 것을 골랐다. '빙하'라는 미지의 단어에 끌려 면접장에서 빙하로 지구의 역사를 공부하고 싶다고 말했고 그걸 좋게 평가받은 덕분에 2012년부터 대학원에서 빙하학을 공부했다.

석사 학위 논문을 쓰면서는 기존의 기후 지식을 활용해 남극 빙하 코어로 얻은 새로운 이산화탄소 데이터를 해석하면서 강렬한 몰입을 경험했다. 그 경험을 또 해보고 싶어 2015년 프랑스에서 박사과정을 시작했다. 박사 학위 취득 후 2020년에는 캐나다로 넘어가 박사후연구원으로 일했다. 그리고 타국 생활 7년 만에 한국으로 돌아와 지금은 극지연구소에서 박사후연구원으로서 연구하고 있다. 작은 소망과 경험들이 모여 지금의 내가 된 것이다.

지구의 과거가 궁금했던 내 열망과 집착이 날 여기까지 이끌었다고 믿는다. 재능이 어정쩡해 이 길이 내 길이 아닌 것 같아 그만 둬야지 결심하다가도 진짜 그만둬야 할 것 같은 느낌이 들면 눈물이 났다. 일이 주어진다면 나는 지치지 않고 계속해보고 싶다. 지구의 비밀을 세상에서 처음으로 쥐게 되는 빙하학자로 평생 살아보고 싶다.

이 책에는 빙하가 남겨둔 80만 년 동안의 기후변화에 대한 이야기와 빙하학자로 살아온 나의 개인적인 이야기를 담았다. 논문에는 대부분 현실과 동떨어진 이야기가 쓰여 있다. 그러나 중요한 현상을 밝혀내기 위한 기초연구라는 학문적인 가치가 있다. 기존 연구 중 현재 기후변화를 잘 설명해줄 이야기만 골라 책에 담았다. 논문으로 과학적인 사실만 논하다 개인의 서사를 꺼내는 일이 익숙지 않아 용기가 필요했다. 그러니 세상 여기저기에 부딪히며 살아가고 있는 나의 이야기를 예쁘게 읽어주길 바란다.

차례

1부
○ **빙하는 지구의 과거를 알고 있다**

2부

빙하학자, 그린란드 빙하를 만나다

3부
과거의 빙하와 미래의 지구, 그리고 현재의 빙하학자

○○○

빙하는 지구의 과거를 알고 있다

지구, 그 영원한 신비[+]

✦ ✦ ✦

　나는 정기적으로 의료진 앞에서 가슴을 활짝 열어 보인다. 처음에는 낯선 사람 앞에서 윗옷을 벗는 게 부끄러웠다. 이제는 반복된 경험으로 감정이 무디어져 내 가슴을 익숙하게 잘 내놓는다. 검사실에 들어가 의료진에게 인사한 후 상의를 벗고 침대에 누우면 그들은 아무렇지 않게 내 가슴에 젤을 쓱쓱 바르고 초음파 기기를 가져다 댄다. 그러면 눈으로 볼 수 없었던 내 가슴의 수직단면이 작은 모니터에 뜬다. 실험과학자인 나는 그들 앞에서 피실험자가 된다.

[+]　다큐멘터리 「생명, 그 영원한 신비」에서 제목을 따왔다.

2021년 여름 코로나 백신이 본격적으로 공급돼 전 세계 국경이 부분적으로 열리기 시작했다. 그때 나는 캐나다에서 박사후연구원으로 일하고 있었다. 팬데믹 기간에 한국에 들어오지 못한 채 프랑스와 캐나다에 머물다가 백신 공급으로 국경이 다시 열린 뒤에야 1년 반 만에 한국에 들어올 수 있었다. 다른 유학생과 교민 들처럼 한국에 머무는 기간에 나도 짬짬이 병원을 드나들었다. 한동안 건강을 등한시하고 한계까지 몰아세우며 학업을 이어갔던 터라 몸이 상하지 않았는지 걱정되었기 때문이다. 검사를 마치고 의사 입에서 나온 첫마디는 내가 예상도 못 한 이야기였다.

"암일 수도 있습니다." 그러곤 의사는 모니터로 시선을 옮겨 초음파 사진을 다시 훑어보았다. 의사는 이전에 초음파 검사를 한 적이 있냐고 물어보곤 사진에 나타난 작은 멍울이 왜 암일 수도 있는지 한참 설명했다. 의학 지식이 전혀 없는 내가 봐도 그 멍울은 이상했다. 일반적으로 혹이 있더라도 가슴 근육 때문에 가로로 퍼지는데, 내 것은 수직 방향으로 길쭉하게 솟아 있었다. 의사는 곧이어 다른 초음파 사진을 모니터에 띄웠다. 거기에는 아주 뾰족한 별 모양으로 생긴 혹이 있었다. 그는 별 모양을 가리키며 그것도 일반적인 혹이 아니라고 했다.

그의 말을 들으며 내 나이를 떠올렸다. 아직 청춘인 것 같은데

몸에 암세포가 있을지도 모른다는 말에 덜컥 겁이 났다. 그는 내 얼굴을 보며 암일 확률이 10퍼센트이니 걱정하지 않아도 된다면서 진정시켰다. 하지만 그때 내겐 암으로 세상을 떠난 수많은 박사과정생의 사연이 떠올랐다. 남의 이야기인 줄로만 알았던 사연의 주인공이 내가 될 수 있다는 생각에 병원에서 나와 혼자 펑펑 울었다. 그렇지만 의사가 큰 병원을 꼭 가보라는 말을 했기에 더 슬퍼할 겨를도 없이 정신을 차려야 했다.

나는 과학을 하는 사람으로 10퍼센트라는 숫자의 의미를 정확히 안다. 0에 더 가까운 숫자이니 암이 아닐 확률이 더 높다. 그러나 자꾸만 감정적으로 동요되어 10퍼센트라는 숫자는 더 크게 다가왔다. 결과를 들은 엄마는 원래 암세포가 하루아침에 생기는 게 아니고 눈에 보일 정도가 될 때까지 10년쯤 걸리니 만약 암세포가 맞는다면 아마도 10년 전부터 만들어졌을 거라고 했다. 10년 전이라. 아이러니하게도 10년 전은 내가 원하던 공부를 시작했던 때다.

내가 중학생이던 시절 IMF 외환위기가 닥쳤다. 소풍 간다는 소리에 김밥 싸갈 돈이 없다며 울면서 교실 문을 박차고 나가는 친구도, 밤이 되면 온 집 안의 불을 끄고 조용히 지내는 친구도 있었다. 대한민국의 공기가 회색빛이던 시절을 보냈기에 빨리 어른이 되어 돈을 많이 벌고 싶었다. 나는 고등학생 때부터 지질학을 아주 좋아해 대학에서 지질학을 전공했다. 좋아하는 공부를 하면 잘해야 한다는 책임감에 학부를 수석으로 졸업하기까지 했다. 그러나 돈의 무서움을 제대로 경험한 세대였기에 대학원 진학을 선뜻 결심할 수 없었다. 그래서 대학원 입학원서 대신 회사 입사 지원서를 썼고, 운이 좋게도 2008년 여름 유통업 분야의 대기업에 공채로 입사했다.

밸런타인데이가 되면 매장 앞에 나가 초콜릿을 팔고 명절이 되면 명절 선물 세트를 얼마나 팔 수 있을지 고민했다. 매장의 매출을 어떻게 올릴 수 있을지 고민하는 일을 하는 동안 나는 내게 맞지 않는 옷을 입고 사는 것 같았다. 누군가가 어느 직장을 다니냐고 물어봐주는 그 순간만 행복했다. 화려한 옷을 입고 있는데 내 마음은 까맣게 썩어가고 있었다. 돈을 좇아 입사한 회사에서 만족감을 주는 건 월급밖에 없었다. 그 시기에 지질학이 자꾸만 떠올랐다. 하지만 월급에 중독되어 학계로 들어가겠다고 결정하기란 쉬운 일이 아니었다. 목돈을 만들 때까지 참자고 스스로를 다독인 뒤 목표치를 달성하자 곧바로 그만뒀다.

2011년 늦가을 학교를 떠난 지 4년 만에 대학원에 원서를 넣었다. 이번에도 대한민국에서 가장 잘나가는 대학원을 줄 세워 순서대로 원서를 넣었다. 기대는 없었다. 공부 공백 있는 나를 좋아할 확률이 낮았기 때문이다. 회사를 다니기 싫어 대학원으로 도피하는 사람처럼 비칠 수도 있었고 공부에 진지하지 않다고 볼 수도 있었다. 게다가 4년은 공부하는 법을 잊기 딱 좋은 기간이기도 했다.

나는 면접장에 들어가 자리에 앉은 뒤 자기소개를 했다. 면접관 세 분은 내 말을 들으며 입학 지원서를 쭉 읽어 보았다. 세 분 중 가운데 있던 면접관이 내게 질문을 했다. "세상에서 가장 오래된 스트로마톨라이트stromatolite의 나이가 어떻게 되는지 아나?" 그러고 그는 미소를 지었다.

스트로마톨라이트는 초미소 생물 플랑크톤인 남세균cyanobacteria이 뭉쳐 형성된 구조물이다. 남세균의 표면에서 분비되는 끈적한 생물막biofilm은 물속을 떠다니는 점토 같은 퇴적물을 붙잡아 딱딱해지는데 이것이 새로 번식하는 남세균과 달라붙으면서 반구나 원통형으로 커진다. 이를 스트로마톨라이트라고 한다. 내가 대답을 못 하자 그가 대신 대답했다. "약 37억 년."

나는 학부 수업에서 KBS와 NHK가 공동 제작한 「생명, 그 영원한 신비」라는 다큐멘터리를 보았다. 산소가 없던 지구에 남세균이 처음으로 산소를 공급하면서 지구 전체 환경을 변화시켰다는 내용이었다. 대기 중에 산소가 없었다면 인류는 탄생하지 못했을지도 모른다. 다큐멘터리를 보다가 스트로마톨라이트 서식지가 지구상에 아직 존재한다는 이야기를 듣고 노트에 얼른 서식지의 위치를 적어두었다. 지구의 역사를 크게 바꾼 남세균 이야기에 감동한 것인지 웅장한 음악에 감동한 것인지 아직도 잘 모르겠지만 문득 언젠가 직접 보러 가야겠다는 생각이 들었기 때문이다. 대학을 졸업하자마자 전 재산 350만 원을 들고 혼자서 서호주에 갔다. 내 인생에서 그때가 아니면 스트로마톨라이트 서식지에 가볼 기회가 없을 것 같았다. 나는 대학원에 지원하는 동기를 묻는 항목에 이 에피소드를 꺼내며 빙하를 이용해 지구의 과거를 연구하고 싶다고 적었는데 그걸 재미있게 읽은 듯했다.

46억 년이라는 긴 기간을 살아낸 우리 지구는 셀 수 없이 많은 전환점을 겪으며 오늘날의 지구가 되었다. 지구 온도가 지금보다 섭씨 10도 이상 뜨거웠던 적이 있었고 반대로 지구 전체가 꽁꽁 얼어붙었던 적도 있었다. 수많은 전환점 중 지구를 가장 크게 변화시킨 것을 꼽으라면 바로 대기 중 이산화탄소 농도가 감소하고 지구상에 존재하지 않던 산소가 탄생한 순간을 꼽을 수 있다.

현재 지구 대기의 대부분은 질소 78퍼센트, 산소 21퍼센트, 아르곤 0.93퍼센트 그리고 이산화탄소 0.04퍼센트 등으로 구성되어 있다. 그러나 46억 년 전 지구는 지금과 사뭇 달랐다. 태초의 지구로 돌아가 대기 구성을 살펴보면 그때는 산소가 없었고 대부분 이산화탄소와 수증기뿐이었다. 그래서 태초에는 인간같이 산소를 필요로 하는 호기성 생물은 없고 산소를 싫어하는 혐기성 생물이 살고 있었다. 시간이 지나고 남세균이 등장한 뒤에야 호기성 생물이 혐기성 생물을 대체하기 시작했다.

138억 년 전 극도로 밀도 높은 우주의 급격한 팽창이 있었다. 바로 빅뱅이다. 빅뱅 이후 우주에 다양한 은하가 형성되었고 지금으로부터 50억 년 전 성운이 수축하고 회전하면서 태양계가 형성되었다. 태양이 형성되는 과정에서 떨어져 나온 잔해와 우주에 떠돌던 먼지들이 뭉쳐서 태양계의 행성이 만들어졌고 태양계의 세번째 행성인 지구도 그렇게 탄생했다.

철과 규산염으로 된 원시 지구는 소행성의 빈번한 충돌로 점점 더 커졌는데 그러자 중력 또한 상승해 소행성과의 충돌은 더욱더 빈번해졌다. 그 결과 지구가 녹기 시작했다. 지금은 지구 내부에 있는 마그마가 그 당시엔 거대한 파도처럼 지구 표면을 흘러다녔다. 지구 전체가 연중 내내 활화산 상태였던 셈이다. 현재 먼 우주에서 지구를 바라보면 바다와 녹지 때문에 칼 세이건이 표현한 것처럼 '우주에 떠 있는 창백한 푸른 점 하나'로 보인다. 하지만 시간을 태초로 돌려 우주에서 지구를 바라본다면 당시 빈번했던 소행성 충돌로 지구 전체가 화산이 터지듯 불탔기 때문에 '태양계의 붉은

점'으로 보였을 것이다.

소행성의 충돌로 소행성체에 포함되어 있던 휘발성 성분인 물과 이산화탄소가 원시 지구의 대기를 형성했다. 시간이 지나 소행성과의 충돌이 줄어들면서 지구는 점점 식기 시작했다. 그러자 지구 표면은 딱딱해져 얇은 지각을 형성했고 오늘날처럼 뜨거운 마그마를 지각 아래로 감추었다. 지구의 온도가 내려가니 대기를 구성하고 있던 수증기는 구름이 되어 엄청난 양의 비를 쏟아붓기 시작했다. 그때의 폭우로 현재 지구 표면의 70퍼센트를 차지하는 바다가 만들어졌다.

바다가 생성된 후인 약 37억~35억 년 전, 혐기성 박테리아만 존재하던 바다에 광합성을 통해 이산화탄소를 소비하고 산소를 만들 수 있는 단세포가 등장했다. 바로 남세균이다. 2~3마이크로미터 이하의 초미소 생물 플랑크톤인 남세균은 광합성을 통해 이산화탄소와 물을 결합시켜 화학 분자를 재배치해 지구에 존재하지 않았던 산소를 만들어낸 것이다.✦ 그러나 지구 대기를 뚫고 오는 엄청난 양의 자외선 때문에 남세균이 바다 표층에서 살기 어려워서

✦ 광합성을 나타내는 화학식은 다음과 같다. $6CO_2 + 12H_2O \rightarrow C_6H_{12}O_6 + 6H_2O + 6O_2$.

남세균이 만든 산소는 바다 밖으로 나갈 수 없었다.

우리가 자외선으로부터 피부를 보호하기 위해 선크림을 바르듯 바다 밖으로 산소를 내보내려면 단세포에도 강한 자외선을 차단해줄 물질이 필요했다. 그것이 바로 오존층이다. 오존O_3은 산소 세 개로 구성된 물질로 산소가 없었던 원시 지구에는 당연히 오존층도 없었다. 그렇지만 남세균 덕분에 생성된 산소 분자O_2가 강한 자외선을 만나 산소 원자 두 개로 분해되고, 이 산소 원자 하나가 다른 산소 분자와 만나 산소 원자 세 개로 구성된 오존이 형성되어 지구 대기를 구성하기 시작했다. 이 오존층 덕분에 지구로 들어오는 자외선 양이 줄어드니 남세균이 바다 표층에 번성했고 따라서 육상에도 식물이 출현할 수 있게 되었다. 남세균의 격렬한 광합성이 산소를 만든 덕분에 대기 중 산소의 비율이 높아졌다.

남세균의 광합성으로 대기 중 이산화탄소 농도가 줄어들고 바다의 형성으로 이산화탄소 농도는 더 크게 줄어들었다. 게다가 이산화탄소가 바닷물에 녹아 탄산칼슘$CaCO_3$의 형태로 퇴적 및 침전되어 석회암을 형성하면서 원시 지구 대기의 대부분을 차지했던 이산화탄소는 이제는 바다 깊숙한 곳에 위치하게 되었다.

남세균이 나비효과를 일으킨 셈이다. 어느 한 곳에서 일어난 나비의 날갯짓이 지구 반대편에 태풍을 일으킬 수 있다는 나비효과의 정의처럼 남세균의 탄생이 오랜 시간에 걸쳐 지구 전체에 큰 변화를 일으켰다. 대기 중에 이산화탄소가 가득하던 원시 대기에 산소를 불어넣고 오존을 만들어 바다에서만 살던 생물을 육지에도 살게끔 만들었다. 남세균이 없었더라면 지금 지구의 모습은 사뭇 달랐을 것이다.

약 37억~35억 년 전부터 전 세계에 존재하던 스트로마톨라이트 군락지는 고생대가 시작되자 급격하게 줄어들었다. 남세균의 생물막을 먹는 연체동물이 등장하면서부터였다. 지금은 지구상에서 거의 사라졌지만 살아 있는 스트로마톨라이트를 직접 볼 수 있는 곳이 아직 남아 있다. 바로 호주 샤크만이다. 이곳의 바다는 염도가 매우 높아 연체동물이 살지 못한다. 다큐멘터리를 보면서 지구의 전환점을 찍은 남세균을 직접 보고 싶단 생각이 들었다. 거기 직접 가서 우리가 태어날 수 있게 해줘서 고맙다는 마음을 전하고 싶었다.

우리가 종교를 믿게 되는 것은 아마도 인간의 힘으로 해석할 수 없는 기적 같은 순간을 맞이할 때일지 모른다. 138억 년 전 빅뱅으로 태양계가 형성되고 지구가 약 46억 년이라는 역사를 지나 지금의 모습이 된 과정을 쭉 놓아 보면 크고 작은 우연과 필연이 서로 긴밀하게 연결되어 있다. 변화의 이유를 찾고 찾다 결국 우리는 기적이라는 말을 떠올리고 종교로 눈을 돌리는 것이다.

　내 인생에도 기적이 일어났다. 남세균이 대기에 산소를 공급한 덕분에 지구가 푸른 행성이 된 것처럼 스트로마톨라이트를 직접 보러 호주로 간 경험이 내 인생의 방향을 전환하는 계기가 됐다. 면접장을 나와 알게 된 사실은 면접관 중 나에게 스트로마톨라이트의 나이를 물은 분이 고생물학자였다는 것이다. 그는 스트로마톨라이트 군락지를 보러 호주로 다녀온 내 이야기가 무척이나 반가웠을 것이다. 내 열정을 크게 산 것인지 아니면 회사 다니면서 고객을 설득하는 기술을 세 명의 면접관에게 잘 활용한 것인지 모르겠지만 4년이라는 공백이 있었음에도 면접에서 높은 점수를 받고 2012년 대학원에 입학했다.

　지구과학을 좋아하는 작은 마음이 작은 경험을 만들어냈고 그 경험이 계속 모여 하나의 선을 만들었다. 대학원 입학 이후 지구의 역사를 공부하고 싶다는 의지는 이어졌다. 그 결과 나는 빙하로 과거 기후를 연구하는 빙하학자가 되었다. 과거와 현재는 보이지 않지만 서로 긴밀히 연결되어 있다. 단 하나의 우연한 경험이 여러 번 이어지면 어떠한 변화를 만들어낼지 모른다. 지구의 역사와 내 인생처럼 말이다.

지구에 남은 지문[+]

✦ ✦ ✦

나는 글쓰기를 좋아한다. 글을 읽거나 낭독을 듣는 것도 좋아한다. 출퇴근하는 동안이나 약속 시간보다 일찍 도착해 의미 없는 시간을 보내야 할 때 나는 무언가를 쓰거나 읽거나 듣는다. 하지만 어렸을 땐 책을 싫어했다. 내 수준에 맞지 않는 책을 골랐던 것인지 내 문해력에 문제가 있었던 것인지 모르겠지만 문턱에서 자주 걸려 넘어졌다. 읽는 책이라고는 교과서와 문제집뿐 긴 글을 제대로 본 기억이 없다. 그랬던 내가 신기하게도 요즘은 언제 어디에서나 책이든 논문이든 활자가 적혀 있는 무언가를 꼭 쥐고 있다. 내가 활

✦ 데이비드 아처의 책 『얼음에 남은 지문』에서 제목을 따왔다.

자중독이 된 건 학부 4학년 때 참여한 독서 모임 때문이었다.

독서 모임에 가입한 건 도서관 출입문에 붙어 있던 안내 글을 통해서였다. 일주일에 한 번 책을 읽고 이야기를 나누는 모임이라기에 책을 읽을 마지막 기회라는 생각이 든 것이다. 학교라는 울타리를 떠나면 독서와는 영영 멀어질 것 같았다. 하지만 이 모임에서 나는 책보다 스스로와 친해질 수 있었다. 그건 책을 통해 내 무의식을 꺼내는 독서 치료 모임이었다. 도서관 사서 선생님이 먼저 요약하고 책에 대한 소감을 물어보면 우리는 책을 통해 바라본 마음을 참여자들에게 공유했다.

스무 살이 되면 나는 나를 좋아할 수 있을 줄 알았다. 그런데 오히려 가장 불편한 건 나 자신이었다. 어른이 되면 나아질 줄 알았는데 여전히 나를 사랑하는 방법을 몰랐다. 나를 둘러싼 모두에게 웃어주었지만 나에게는 한 번도 그랬던 적이 없다. 누군가가 무례한 말을 해도 그게 무례한 줄 몰랐고 누군가가 괴롭혀도 그게 괴롭힘인 줄 몰랐다. 나는 나 자신에게 자주 화를 냈고 나를 미워했다.

책을 읽는 동안 촌지를 달라며 괴롭혔던 초등학교 선생님이 종종 생각났다. 어린 나이에 선생님께 이유 없이 자주 혼이 났다. 어느 순간부터 나는 내가 문제라고 생각했다. 문제가 있는 내가 싫었고 늘 남들 눈에 띄지 않기를 바랐다. 그래서 언제나 고개를 푹 숙이고 걸었다. 그 바람에 눈이 너무 나빠졌고 거북목이란 말이 유행하기 전부터 내 목은 이미 거북이 같았다. 책을 읽으며 그동안 잊고 있었던 나쁜 기억이 올라왔다. 한참을 울었고 한동안 분노에 몸을 떨기도 했다. 불편한 감정을 토해내면서 책에 점점 빠져들었다. 책을 통해 마음 깊이 숨겨두었던 어두움을 수면 위로 끌어올리자 억지로 웃지 않아도 나는 정말 밝은 사람이 되었다.

지구과학에서 지구의 과거를 바라보는 시선은 인간의 과거를 바라보는 것과 유사하다. 현재의 자연현상이 과거의 자연환경에서도 동일하게 작용했을 것이라 가정하는 동일과정설uniformitarianism 아래 과거를 해석하고 현재와 과거 기록을 비교해 기후변화 추세나 미래 기후 사건을 예측하기도 한다. 과거 기후를 연구하는 연구자들은 후자에 조금 더 중점을 둔다. 더 나은 지구를 만들기 위해 과거 지구의 기후 및 환경 자료를 복원해 현재 지구의 상태를 자세히 관찰하고 미래 기후를 예측한다.

과거 기후를 연구하는 가장 중요한 이유는 현재 지구의 상태를 진단하기 위해서다. 현재 기후 자료와 과거 자료를 모아 길게 늘여 들여다보면 오늘날의 기후변화의 방향과 원인 및 시기를 진단할 수 있다. 우리가 매일 뉴스를 통해 접하는 기상 정보는 특정 지역에서 짧은 기간의 날씨 상태를 나타낸다. 날씨 자료는 기분처럼 일

시적인 상태를 의미한다. 그런 까닭에 이 자료로는 장기적으로 기후가 어떻게 변화하는지 판단 내릴 수 없다. 대신에 최소 30년 정도의 기상 자료를 모아 관찰하고 데이터들의 평균값을 내보면 이는 기후 자료가 된다.

1958년부터 하와이 마우나로아 관측소에서 세계 최초로 대기 중 이산화탄소 농도를 직접 측정하기 시작했다. 이 데이터를 쭉 들여다보면 약 65년 동안 이산화탄소 농도가 100피피엠 이상 상승했음을 알 수 있다. 이 자료는 산업혁명으로 대기 중 이산화탄소 농도가 급격히 증가했음을 확인시켜준다. 세계에서 가장 긴 데이터임에도 길이가 약 65년밖에 되지 않아 사실은 매우 짧다는 한계가 있다. 게다가 데이터 측정을 시작한 시기는 산업혁명 이후로 이미 인류의 영향을 적극적으로 받은 이후다. 그래서 언제부터 인류의 영향으로 대기 중 이산화탄소 농도가 상승했는지 알 수 없고 인류의 영향이 적었던 기간의 이산화탄소 농도도 알 수 없어 지금이 얼마나 심각한 수준인지 분명하게 말하기 어렵다. 그러므로 지구의 상태를 정확히 진단하기 위해서 오늘날의 대기 실측 데이터를 과거로 연장해 볼 필요가 있다.

과거 기후 자료는 미래의 지구 기후와 환경을 예측하는 데 중요한 기초 자료로 활용된다. 국제연합UN 산하 협의체인 기후변화에 관한 정부 간 협의체Intergovernmental Panel on Climate Change, IPCC에 서 2021년에 발간한 「IPCC 제6차 보고서」에 따르면 탄소 배출 감축 노력이 이루어지지 않고 화석 연료 사용이 계속 증가한다면 2100년까지 대기 중 이산화탄소 농도가 800피피엠을 초과할 것 이라고 예상하고 있다. 이 수치에 이르면 지구 평균온도가 상승할 뿐만 아니라 그로 인해 지구의 해수면이 높아지고 산불 빈도도 증 가한다. 이에 따라 생존권도 직접적으로 영향을 받는다. 우리의 생 활 형태도 기후변화에 따라 달라져야 하기 때문에 미래 기후 예측 이 꼭 필요하다. 그리고 과거 기후 자료는 기후 메커니즘을 이해하 는 데 매우 중요하다. 예를 들어 2100년의 대기 중 이산화탄소 농 도를 예측하는 데이터 계산을 위해서는 인류가 이산화탄소를 얼마 만큼 배출해낼지에 대한 예상 시나리오와 자연적으로 이산화탄소 가 어떻게 변화하는지에 대한 정보가 필요하다. 대기 중 이산화탄 소는 인류 활동의 영향이 없더라도 자연적으로 농도가 증가하거나 감소한다. 이산화탄소 실측 자료는 이미 인류 활동의 영향을 적극 적으로 받았기 때문에 이를 이용해 이산화탄소가 자연적으로 어떻 게 변화하는지 알기 어렵다. 하지만 과거 기후 자료를 활용하면 자 연적으로 이산화탄소가 어떻게 변화하는지 이해할 수 있다.

산업혁명 이후로 과학기술이 폭발적으로 발전했지만 시간을 되돌려 과거로 갈 수는 없다. 그러나 지구가 46억 년 동안 많은 흔적을 남겼고 이를 활용하면 46억 년의 역사를 복원할 수 있다. 그리고 고기후학자는 지구에 남겨진 흔적을 찾아 약 46억 년 동안 지구의 기후나 환경이 어떻게 변화해왔는지 추적한다. 이는 마치 어떤 그림이 그려져 있는지 모르는 미지의 퍼즐 판에 한 조각씩 채워넣는 일과도 같다.

화석, 해양 퇴적물, 빙하나 퇴적암과 같은 지구에 있는 모든 물질은 과거 기후나 환경을 추측하는 재료다. 예를 들어 나뭇잎 화석을 이용해서 과거 이산화탄소를 추정할 수 있다. 식물 잎과 바늘에 있는 작은 구멍인 기공stomata은 광합성을 하는 동안 대기 중 이산화탄소를 흡수하고 산소와 수증기를 방출하는 역할을 한다. 기공의 수는 대기 중 이산화탄소 농도가 높을 때 감소하고 반대로 대기 중 이산화탄소 농도가 낮으면 증가한다. 이러한 상관관계로 과거 대기 이산화탄소 농도를 추정할 수 있다. 그뿐만 아니라 해양 퇴적물 속 유공충 껍질이 탄산칼슘으로 이루어져 있어 유공충의 동위원소를 분석하면 이산화탄소 농도를 간접적으로 추정할 수 있다. 이렇게 간접적으로 추정한 과거 기후나 환경 데이터를 프락시proxy라고 한다. 지구의 모든 지역에서 약 46억 년 동안의 연속적인 기후 정보를 얻을 수 있으면 좋으나 지역에 따라 복원할 수 있는 기간은 제한

적이다.

무엇보다 과거 이산화탄소 농도를 직접적으로 측정할 수 있는 방법이 있다. 바로 극 지역 빙하를 활용하는 것이다. 눈은 내릴 때 대기 중에 떠돌고 있던 에어로졸과 함께 땅에 쌓인다. 이것이 연속적으로 쌓여 단단해지면 빙하가 된다. 빙하 최상단 눈송이들 사이로 대기가 자유롭게 대류하지만 시간이 지나 더 많은 눈이 쌓이면 눈송이 간격이 좁아지고 대기가 확산의 원리에 따라 이동한다. 빙하는 과거 대기를 그대로 가지고 있어 그 기록을 가장 직접적으로 복원할 수 있는 자료다. 그래서 빙하를 냉동 타임캡슐이라고 부른다. 빙하를 이용해 측정한 이산화탄소 데이터는 과거 대기를 직접 측정한 데이터이므로 이를 프락시라고 부르지 않는다. 게다가 극 지역 빙하를 활용하면 연속적으로 데이터를 얻을 수 있다는 장점이 있다.

과거는 미래를 여는 열쇠다.[1] 내가 과거의 나쁜 경험이 만든 무의식을 들여다보며 더 나은 내가 되었듯 과거 기후 기록도 단순히 과거에만 머물지 않는다. 그러나 무의식에 대한 해석은 주관적이다. 무의식의 해석에 정답이 없듯 제한된 과거 기후 데이터를 이용해 전 지구적인 변화를 해석하는 일도 쉽지 않다. 과학적인 방법을 이용해 과거 기후와 환경을 분석하지만 살아보지 못한 환경에 대한 이해는 제한적이다. 데이터 해석에는 무한한 상상이 덧붙여지는데 이 상상은 지질학의 동일과정설같이 오늘날의 기후 정보를 이용한 과거 해석일 수도 있다. 그래서 과거 기후에 대한 해석에는 명료한 단 하나의 원인보다 이럴지도 저럴지도 모른다는 다양한 가설이 난무한다. 이러한 가설들을 명확한 사실로 만들기 위해서는 전 지구적으로 여러 시기의 고정밀·고해상도의 기후와 환경 데이터의 확보가 필요하다. 그러면 미지의 퍼즐 판이 점점 더 선명해진다. 이를 통해 오늘날의 지구에 대한 이해와 미래 지구에 대한 예측도 더 나아질 것이다.

빙하학은 1960년대에 시작된 학문으로 다른 학문에 비해 매우 젊다. 극 지역 빙하를 활용하면 약 46억 년이라는 지구의 긴 역사 중 우리가 살고 있는 환경과 가장 유사한 지난 80만 년의 연속적인 기후 데이터를 복원할 수 있어 빙하 자료는 지구를 진단하고 미래 기후를 예측하는 데 가장 유용하게 사용된다. 다른 프락시 자료는 데이터를 측정한 곳의 기후나 환경을 대변하는 데 반해 그린란드 빙하 코어는 북반구, 남극 빙하 코어는 남반구의 기후나 환경 변화를 이해하는 데 도움이 된다. 그동안 전 세계 빙하학자들의 노력으로 80만 년간 이산화탄소를 비롯한 온실 기체 농도 변화, 온도 변화 그리고 기후의 다양한 사건이 밝혀졌다. 그러나 우리는 아직 수

박 겉핥기 정도로만 알고 있다. 데이터의 해상도와 정밀도가 부족하기 때문이다. 이 두 가지를 향상시켜 자세히 지구의 과거를 들여다볼 필요가 있다. 아직도 가야 할 길이 멀다.

한국에 빙하 코어가 있나요?

✦ ✦ ✦

챗지피티가 세상에 처음 공개되고 나서 내 동료는 챗지피티와 사랑에 빠졌다. 검색엔진을 점령했던 야후가 어느 순간 사라진 것처럼 구글도 곧 그렇게 될 거라며 그는 하루 종일 챗지피티의 성능을 확인하고 있었다. 나는 구글 주주라 그의 말처럼 구글이 망해 훗날 상장폐지될까봐 불안해졌다. 그러나 그 불안은 금방 사라졌는데 출시 당시만 해도 챗지피티는 거짓말을 아주 잘했기 때문이다. 입만 열면 거짓말이었다.

내 동료는 한국에서 시추한 빙하 코어가 있냐고 챗지피티에게 물어보았다. 그러자 "한국에서 시추한 최초의 빙하 코어는 한라 빙하 코어입니다"라는 답변이 달렸다. 2000년대 초 일본, 중국, 한국의 공동연구로 한라산에서 시추한 빙하가 있다고 아주 당당하게 거짓말을 했다. 우리가 모르는 한국의 빙하 코어가 있냐면서 우리 둘은 어이없어하면서도 진짜 한라 빙하 코어가 있는 건 아닌지 의심하며 한참을 웃었다. 그때 우리가 챗지피티에게 빙하에 대해서 한 수 가르쳐줬어야 했는데 답변이 너무 어이없어 그냥 창을 지워버렸다. 챗지피티에게 못다 한 말을 여기에다 대신 쓴다.

한국에서 시추한 빙하 코어는 없다. 한국에는 빙하가 없기 때문이다. 빙하는 얼음의 강이라는 뜻이다. 눈이 지표면에서 녹지 않고 쌓이면 밀도가 세제곱센티미터당 약 0.4그램 이하로 낮다. 그러나 이 눈이 녹지 않고 오랜 시간 쌓여 압력이 높아지면 특정 깊이에서 눈의 입자가 단단히 엉겨붙어 눈도 얼음도 아닌 상태가 되는데 이를 펀이라고 한다. 압력이 더더욱 커져 밀도가 세제곱센티미터당 약 0.9그램으로 높아지면 펀이 최종적으로 얼음이 된다. 여기에 해당하는 깊이는 약 60~110미터다. 땅 위를 넓게 덮고 있는 얼음덩어리를 빙상이라고 한다. 빙상이 대륙이나 높은 산에 형성되면 중력에 의해 높은 곳에서 낮은 곳으로 얼음이 강처럼 흘러내리는데 이를 빙하라고 한다. 남극에서는 빙상이 바다 위까지 흘러내려 얼어 있는데 이를 빙붕ice shelf이라고 한다. 강처럼 흐른다고 하지만 빙하가 강물처럼 흐르는 것을 눈으로 직접 보는 건 쉽지 않다. 빙하의 가장자리는 깨지며 생을 마감하는데, 이를 통해 빙하가 움직이는 모습을 간접적으로 볼 수 있다. 빙상에서 떨어져 나와 바다 위를 둥둥 떠다니는 빙하 조각을 빙산iceberg이라고 한다. 이렇게 움직이고 깨지면서 빙하의 두께는 무한정 늘지 않고 특정 기후 조건하에 일정하게 유지된다.

빙하 형성 지역은 전 지구적으로 설선이 어떻게 형성되어 있는지를 보면 알 수 있다. 눈이 녹지 않고 쌓일 수 있는 최소한의 높이를 설선snow line이라고 한다. 설선 아래에는 눈이 녹아 쌓이지 않아 빙하가 형성될 수 없고 설선의 높이부터 빙하가 형성된다.

바닷물이 어는 해빙sea ice은 섭씨 약 영하 2도 이하에서 형성되는데 극 지역인 남극대륙과 그린란드를 둘러싸고 있는 바다가 매우 추워 해빙을 형성한다. 남극대륙과 그린란드는 설선의 높이가 0미터로 눈이 육지에서 쌓이면 거대한 대륙빙하를 형성한다. 그래서 남극과 그린란드를 옆에서 보면 꼭 프라이팬 뚜껑으로 덮어둔 것처럼 육지 전체가 오목하게 빙하로 덮여 있다.

대한민국에는 빙하가 없는데 오히려 날씨가 뜨거운 적도에서는 빙하가 발견된다. 적도에는 고도가 높은 산이 있기 때문이다. 고도가 100미터 높아질수록 기온은 0.6도 정도 낮아진다. 등산할 때 정상으로 올라갈수록 추워지는 이유다. 그렇기에 뜨거운 적도 지역이라도 높은 산이 있으면 눈이 연속적으로 쌓일 수 있다. 설선이

0미터인 극 지역에서 적도 지역으로 오면 설선의 높이가 높아지는데 온대 지역은 해발고도 1000~5000미터에서 눈이 쌓인다. 온대 지역에서 고산 빙하를 얻을 수 있는 대표적인 곳은 히말라야산맥과 알프스산맥이다. 북위 27도에 위치한 히말라야산맥은 설선이 약 4500~6000미터에 자리 잡고 있다. 알프스산맥은 위도가 북위 45도로 히말라야산맥에 비해 높아 설선이 약 2800미터에 형성되어 있다. 열대 지역은 설선의 높이가 약 5000미터라 해발고도 5895미터인 킬리만자로산 꼭대기에 빙하가 형성되어 있다. 이 설선의 높이는 지구의 온도에 따라 달라지는데 오늘날의 기후변화로 설선의 높이는 점점 높아지고 있다.

이렇게 빙하가 형성된 곳에 원통형 시추기를 이용해 수직 방향으로 시추해 얻은 시료를 빙하 코어라고 한다. 빙하 시추의 깊이에 따라 천부(200미터 이내)와 심부(1000미터 이상), 그 중간을 중부로 나눈다. 그러나 빙하가 연속적으로 잘 형성되었다 해도 아무 곳에서나 빙하를 시추할 순 없다. 빙하가 중앙부에서 가장자리로 흐르다보니 빙하의 층이 휘어져 있기 때문이다. 우선 물리탐사를 통해 빙하의 층이 어떻게 형성되었는지 확인해 휘지 않고 잘 유지된 지역을 선정해 빙하 시료를 얻는다. 빙하가 흐르는 성질을 갖고 있어 시추 지역 선정에 어려움을 겪지만 이 성질을 이용하면 오히려 오래된 빙하를 쉽게 얻을 수도 있다. 일반적으로 빙상의 최하단에는 오래된 빙하가, 최상단에는 최근에 쌓인 눈이 층을 이룬다. 그런데 빙하가 중력에 의해 중앙에서 가장자리로 이동하며 최하단의 오래된 빙하가 지표면에 노출된다. 노출된 빙하는 푸른빛이 돈다 해 청빙blue ice이라 불린다. 이 빙하를 이용하면 연속적인 데이터를 얻을 수는 없지만 특정 시점의 정보를 확보할 수 있다.

그린란드와 남극에서 시추한 빙하를 이용하면 북반구와 남반구의 기후 및 환경이 어떻게 변화했는지를 이해할 수 있다. 반대로 고산 빙하는 빙하가 형성된 지역의 기후나 환경 변화를 잘 기록하고 있어 국지적 연구에 곧잘 활용된다.

대한민국에서 가장 높은 산은 한라산이다. 한라산의 높이는 1947미터로 설선보다 높지 않아 빙하가 형성되지 않았다. 그래서 챗지피티가 말한 '한라 빙하'는 존재하지 않는다. 그러나 과학적으로 봤을 때 우리나라에도 빙하가 있긴 하다. 우리나라 최남단은 남극대륙에 위치한 장보고 과학기지이기 때문이다.✦ 한국은 2014년 장보고 과학기지 완공 이후 기지 주변에서 천부 빙하 코어를 확보

✦ 2022년 4월 6일 신형철 극지연구소 소장(당시 부소장)이 『현대해양』에 기고한 글 중 "우리나라 최남단은 마라도가 아닙니다"라는 문장을 활용해 작성했다.

하고 있다.

　최근에 챗지피티에게 다시 대한민국에서 시추한 빙하가 있냐고 물어보았다. 물론 이번에는 대한민국에 빙하가 없다고 제대로 대답하는 놀라운 자기 변신을 보여줬다.

세상의 끝, 그린란드와 남극대륙

✦ ✦ ✦

2022년에 방영한 「알쓸인잡」을 보다가 한참을 웃었다. 과학자들이 시작에 앞서 오늘 이야기 나눌 주제의 정의를 먼저 내리는 거였다. 예를 들어 이번 주 주제가 사랑이면 "사랑이란 무엇일까요?"로 운을 떼며 시작하는 모습이 마치 나 같았다. 과학에서는 본격적인 이야기를 하기에 앞서 내가 하고자 하는 연구의 핵심 단어를 먼저 정의한다. 예컨대 과거 80만 년 동안의 이산화탄소 농도 변화에 대한 논문이라면 첫 번째 문단은 이산화탄소의 정의로 논의를 시작한다. 이것은 마치 김춘수 시인의 「꽃」에 등장하는 '이름'과도 같다.

과학자가 논문에서 연구 주제의 이름을 언급하기 전에 그것은 하나의 단어에 지나지 않는다. 그러나 과학자가 논문에 연구 주제의 중요 단어를 정의 내리는 순간 그것은 비로소 논문의 꽃이 된다. 이들이 정의부터 내리는 이유는 단어의 정의가 다양하므로 먼저 합의를 이룬 뒤 논문 안에서는 같은 의미로 이해하기 위해서다. 이 책은 극 지역 빙하를 이용한 과거 기후에 관한 이야기를 주로 담고 있으니 극 지역에 대한 정의를 먼저 내리겠다.

극 지역은 위도 66.5도 이상의 지역이다. 극 지역을 결정하는 건 지구의 자전과 공전이다. 지구는 자전축이 23.5도로 기울어진 채 스스로 하루에 한 바퀴씩 도는데 이를 자전이라고 한다. 자전하면서도 지구는 태양을 중심으로 1년에 걸쳐 크게 한 바퀴 도는 공전을 한다. 이렇게 자전축이 기울어진 채 공전을 하면 극 지역은 여름에 해가 지지 않는 백야 현상이, 겨울에는 해가 뜨지 않는 극야 현상이 나타난다. 해가 지지 않거나 뜨지 않는 곳이 연중 하루라도 있다면 그곳은 극지다. 북반구에 위치한 극 지역을 북극이라 부르고 남반구에 위치한 극 지역을 남극이라 부르는 것이다.

이것은 큰 틀에서 바라보고 내린 정의다. 더 구체적으로 보면 북극과 남극의 정의가 조금 달라진다. 북극은 영어로 Artic으로 7월 평균기온이 섭씨 10도 이하인 지역을 말한다. 이는 나무가 자랄 수 있는 북쪽 한계선이기도 하다. 그린란드, 러시아, 시베리아, 알래스카, 캐나다, 아이슬란드, 스칸디나비아가 북극권에 해당한다. 북극권에 눈의 층이 잘 보존돼 과거 기록이 잘 남아 있는 빙상이 있다. 바로 그린란드 빙상이다. 그린란드의 면적은 217만 제곱킬로미터로 이는 한반도의 약 8배다. 그린란드는 해안가를 제외하고 대륙의 약 80퍼센트가 빙상으로 덮여 있다. 그린란드 주변인 북극해는 여러 해 동안 녹지 않고 만들어진 해빙으로 덮여 있다. 300만 년 전 고도가 높은 곳에서 빙하가 형성되기 시작하다 약 200만 년 전에는 그린란드의 내륙에도 빙하가 형성되기 시작했다. 이 빙상의 평균 두께는 약 2135미터이며 중심부 두께는 약 3375미터다. 그린란드의 빙상은 전 세계 얼음의 약 10퍼센트, 전 세계 담수의 약 8퍼센트에 해당한다. 다 녹는다면 해수면이 약 7미터 상승할 정도로 어마어마한 양의 물이 저장되어 있다.

남극은 영어로 Antarctic이다. 북극에 반대를 의미하는 'anti'를 붙여 만들어진 단어다. 실질적인 남극의 정의는 남극수렴대 이남이다. 남극수렴대는 연중 평균온도가 영하 4.0~영하 1.8도인 남극의 차가운 해수와 연중 평균온도가 4~10도인 북쪽의 따뜻한 물이 만나는 경계를 뜻한다. 남극수렴대는 대략 남위 50도에서 60도 사이에 위치한다. 남극권은 남극수렴대 이남에 위치하며 남극대륙, 주변을 흐르는 남극해와 그 주변에 있는 섬을 말한다.

기후 연구에서 가장 많이 활용되는 자료는 남극대륙에서 획득한 빙하다. 지구상에서 가장 오래된 빙하로 넓은 기간의 기후와 환경 데이터를 복원할 수 있다. 그러나 남극은 지구상에서 아주 도전적인 지역이다. 가장 춥고, 가장 건조하고, 가장 바람이 많이 불고, 가장 빙하가 크고 두꺼운 극한 환경이기 때문이다. 세상에서 1등만 하고 싶은 대륙인 듯 남극을 나타내는 말 앞에는 모두 '가장'이라는 수식어가 들어간다.

남극대륙은 세상에서 가장 춥다. 남극의 연평균 기온은 영하 23도다. 남극 연안은 상대적으로 따뜻하고 내륙으로 들어갈수록 춥다. 남극 내륙의 평균기온은 약 영하 57도에 달한다. 연중 내내 추운 남극도 여름이 되면 상대적으로 따뜻해진다고 할 수 있지만 빙하가 반사율이 높아 일사량 대부분을 반사해버리기에 사실 여름에도 춥긴 마찬가지다. 그나마 연안 지역은 여름에 기온이 영하 2도에서 영상 8도까지 올라가기도 한다.

남극은 지구상에서 가장 건조하다. 남극에는 비나 눈이 거의 내리지 않는다. 사하라사막보다 더 건조하다. 우리가 상상하는 사막의 모습과 다르지만 남극은 사막이다. 연평균 강수량은 연안 지역에서 약 166밀리미터로 높지만 내륙으로 갈수록 훨씬 적다. 심지어 눈비가 오지 않는 지역도 있다. 우리가 알고 있는 건조한 모래바람이 휘날리는 사막과 달리 남극은 눈바람이 휘몰아친다. 이 때문에 남극을 '하얀 사막'이라고 부른다.

남극대륙에는 바람이 강하게 분다. 차갑고 무거운 공기가 중력에 의해 고도가 높은 대륙에서 해안 쪽으로 경사면을 따라 이동하며 부는데 이를 중력풍katabatic wind이라고 한다. 그래서 남극 내륙에 비해 해안가에서 바람이 상대적으로 강하게 분다. 예를 들면 동남극에 위치한 코먼웰스만의 연평균 풍속은 초속 22.2미터로 제대로 서서 걸을 수 없을 만큼 바람이 거세다.

세상의 가장 끝에 위치한 남극은 빙하의 크기도 세상에서 가장 크다. 건조해서 강수량이 적지만 추운 환경에서 눈이 오랜 시간 차곡차곡 쌓여 전 세계에서 가장 큰 빙상을 형성했다. 남극대륙의 면적은 1420만 제곱킬로미터로 이는 한반도의 약 60배이며, 약 98퍼센트가 빙상으로 덮여 있다. 그린란드와 다르게 이 빙상은 육지 밖으로 튀어나와 바다 위에 떠 있는 빙붕의 형태로 존재하기도 한다. 빙상의 평균 두께는 약 2160미터이고 가장 두꺼운 곳은 약 4776미터다. 그래서 남극은 고도가 높다.

이 빙상의 양은 전 세계 얼음의 약 90퍼센트, 전 세계 담수의 약 70퍼센트에 해당한다. 다 녹는다면 해수면이 60미터나 상승할 정도로 어마어마한 양의 물이 저장되어 있다. 세상에서 가장 거대한 이 빙상이 남극에 들어오는 빛을 거의 다 반사해버리니 남극은 세상에서 가장 추울 수밖에 없다.

그러나 남극이 처음부터 세상에서 가장 춥고 큰 빙상을 갖게
된 것은 아니다. 뜨거웠던 지구는 약 5500만 년 전부터 온도가 낮
아지기 시작했다. 당시 이산화탄소의 농도는 약 1400피피엠으
로 이산화탄소 농도가 약 180피피엠이었던 마지막 빙하기인 1만
8000년 전보다 약 8~9배 많은 수치였다. 지구 평균온도가 낮아지
면서 이산화탄소 농도도 떨어지기 시작했다. 그와 더불어 남극 주
변으로 흐르는 순환류가 형성되어 따뜻한 바닷물이 남극 근처로
갈 수 없어 남극은 열적으로 고립되기 시작했다. 그 결과 남극의 기
온은 점점 더 낮아졌다. 남극 빙상은 지금으로부터 약 3300만 년
전에 형성되기 시작했다. 그 이후 빙하가 잠시 녹았다가 1100만 년
전부터 지금의 모습을 갖추었다.

남극 빙하가 형성되기 시작했던 약 3300만 년 전으로 돌아가
남극 사진을 찍으면 알프스산맥처럼 높은 산에 형성된 고산 빙하
의 모습을 확인할 수 있을 것이다. 남극 빙하의 형성 과정은 남극
대륙의 형태와 관련이 있다. 빙하로 덮여 있는 남극을 레이더 탐사
로 들여다보면 남극 빙상 아래에 또 다른 숨은 세상이 존재한다. 대
한민국의 동쪽과 서쪽을 나누는 태백산맥처럼 남극 빙하 아래에는
대륙을 가로질러 남극 횡단 산맥이 뻗어 있다. 길이가 3500킬로미

터이고 폭은 100~300킬로미터에 달한다. 남극 로스해의 어데어곶에서 웨들해의 코츠랜드까지 있는 이 남극 횡단 산맥은 남극을 동과 서로 나눈다.

남극은 상대적으로 동쪽이 고도가 높고 서쪽이 낮다. 고도가 높을수록 춥기 때문에 동남극에서 빙하가 먼저 생성되었고, 그중에서도 주요 산맥 두 곳이 가장 빨랐다. 해발 3000미터에 위치한 감부르체프산맥과 해발 4500미터에 이르는 남극 횡단 산맥의 고지대에서 먼저 형성된 초기의 고산 빙하는 빠르게 빙모ice cap로 성장했다. 그 후 2000만 년 동안 동남극은 빙하로 덮여 있었지만 서남극에는 얼음이 거의 존재하지 않았다. 서남극 대륙의 대부분이 해수면 아래에 있어서 빙상을 형성하려면 상당히 추워야 했기 때문이다. 1400만 년 전 전 지구적으로 온도와 이산화탄소의 농도가 하강하자 빙하가 남극 서부를 뒤덮기 시작했다. 주기적으로 빙하가 확장하고 축소하기를 반복하다 지금의 모습을 갖추었다.

그 결과 남극 빙하의 5분의 4가 동남극에 존재한다. 지구에서 가장 큰 빙상도 여기에 있는데 그 두께는 4600미터 이상이다. 가장 높은 빙상은 돔 에이Dome A이다. 이 빙상의 해발고도는 약 4200미터로 감부르체프산맥에 위치해 있다. 그 외에도 잘 발달한 빙상으로 보스토크Vostok, 돔 후지Dome Fuji 그리고 돔 시Dome C가 있다.

가장 오래된 빙하는 돔 시다. 돔 시의 빙하 코어를 활용하면 80만 년 동안의 기후와 환경 기록을 복원할 수 있다. 획득한 빙하 코어 중 길이가 가장 긴 빙하는 보스토크 빙하 코어다. 그 길이는 3623미터로, 2024년 기준으로 획득한 빙하 중 가장 길지만 빙하 코어의 하단 부분이 있는 보스토크 호수가 다시 얼어붙은 얼음이라 기후 정보가 없다. 그래서 이 빙하를 이용해 40만 년 정도의 과거 기후 기록만 얻을 수 있다. 돔 후지 빙하의 길이는 3035미터로 과거 72만 년의 기후와 환경 기록을 복원할 수 있다. 현재 유럽연합이 150만 년 된, 남극에서 가장 오래된 빙하를 얻기 위해 Beyond EPICA European Project for Ice Coring in Antarctica 프로젝트를 시작했다. 동남극 빙하를 활용하면 오래된 데이터를 얻을 수 있어 기후와 환경이 어떻게 변화했는지 큰 그림을 볼 수 있다는 장점이 있다. 그러나 적설량이 적어 고해상도의 데이터를 얻는 데는 한계가 있다.

서남극은 동남극에 비해 지각이 얇고 해수면 아래로 가라앉아 있어 이를 해양 빙상 marine ice sheet 으로 분류한다. 이 빙하가 다 녹으면 그동안 짓눌렸던 무게가 없어지니 지구 평균 해수면뿐만 아니라 남극대륙도 상승할 것이다. 서남극 대륙의 바닥에서 채취한 얼음의 나이는 6만 8000년으로 동남극에 비해 아주 젊다. 오래된 데이터를 얻는 데는 적합하지 않지만 적설량이 높아 고해상도의 데이터를 얻을 수 있어 기후나 환경 변화를 자세히 복원하는 데 탁월하다.

남극대륙 가장자리에 오랜 기간 삭박으로 노출된 빙상의 최하부인 청빙은[2] 남극대륙의 1.67퍼센트를 차지한다. 청빙으로는 연속적인 데이터를 얻지 못하지만 오래된 빙하를 쉽게 얻을 수 있다는 장점이 있다. 그래서 100만 년 전의 기후 데이터를 확보하는 데 사용되고 있다.

극지에서 빙하를 얻으려면 세상에서 가장 극한 환경으로 들어가야 한다. 고도가 높고 세상에서 가장 춥고 건조하고 바람이 많이 부는 그린란드와 남극에 가는 건 절대 쉬운 일이 아니다. 그러나 우리가 시간을 되돌려 확인할 수 없는 과거 기후와 환경의 비밀을 가지고 있는 빙하를 얻기 위해서 빙하학자들은 위험을 무릅쓰고 극지역으로 들어간다.

둘리와 빙하의 상관관계

✦ ✦ ✦

　　어렸을 때 「아기공룡 둘리」라는 만화를 자주 봤다. 내가 그 만화를 좋아했는지는 모르겠고 내용도 가물가물하지만 만화의 시작과 끝에 흘러나오는 주제가는 지금까지도 중얼거릴 수 있다. "요리 보고 저리 봐도 알 수 없는 둘리 둘리. 빙하 타고 내려와 친구를 만났지만. 1억 년 전 옛날이 너무나 그리워."

　　논문을 쓰다 나도 모르게 「아기공룡 둘리」 주제가를 중얼거렸다. 둘리는 남극 빙산에서 북위 37도 34분에 위치한 대한민국 서울까지 어떻게 온 것일까? 나는 중생대 동안 온화한 기후에 살던 공룡이 어떻게 남극에 살다 빙산을 타고 서울까지 왔는지 생각해보기 시작했다. 공룡이 살았던 시기는 약 2억 2500만 년 전부터 6200만 년 전으로 지금보다 훨씬 더 따뜻했던 시기다.

공룡이 세상에 존재하기 전 대륙의 모양은 지금과는 사뭇 달랐다. 약 3억 년 전 7개의 대륙은 하나로 뭉쳐 있었다. 이를 판게아 Pangaea라고 한다. 이 판게아 대륙은 적도에 자리 잡고 있었을 것으로 추정된다. 이 판은 지금의 북반구 땅이 모여 있는 로라시아 Laurasia와 남반구 육지들이 모여 있는 곤드와나 Gondwana로 나눌 수 있다. 남극 대륙은 곤드와나의 중심부에 자리 잡고 있었는데 당시 기후는 현재 뉴질랜드와 유사했다.

그런데 약 2억 년 전부터 판게아가 여러 대륙으로 나뉘며 움직이기 시작했다. 1억 7000만 년 전 곤드와나에서 아프리카가 분리되었고, 1억 4500만 년 전에는 인도가, 9000만 년전에 호주가 떨어져 나갔다. 최종적으로 약 7500만 년 전 남극대륙이 위도 66.5도와 남극점 사이인 남극권에 자리 잡게 되었다. 그러니까 둘리의 조상들은 판게아에 살다 판의 이동으로 우연히 남극에 살게 된 셈이다. 그래서 남극대륙에서도 쥐라기에 살았던 공룡 화석이 발견된다.

둘리는 1억여 년간 빙하에 갇혀 있다 빙하를 타고 서울까지 떠내려왔다. 그럼 둘리가 1억 년 전쯤 폭설에 의해 빙하 안에 갇혀야 한다. 남극에 내린 눈이 다져져 형성된 빙하는 무게 때문에 남극대륙 위를 강물처럼 흘렀을 것이다. 둘리가 빙하에 잘 들어갈 수만 있다면 흐르는 얼음인 빙하가 대륙에서 떨어져 빙산이 되어 바다를 통해 떠내려갈 때 함께 이동했을 것이다. 그렇다면 남극에 살았던 둘리는 서울로 갈 수 있다. 그러나 둘리가 살아 있는 동안 남극에는 빙하가 없었다. 당시 대기 중 이산화탄소 농도가 매우 높고 지구 평균온도도 높았기 때문이다.

남극에 빙하가 형성되기 시작한 것은 약 3400만 년 전이다. 남극 주변으로 지구에서 가장 강한 순환류가 형성되면서 남극 주변은 차가워졌다. 남미와 남극반도 사이에 드레이크 해협이 형성되고 호주 남쪽의 태즈메이니아 해협이 열리면서 남극 주변으로 남극환류가 형성된다. 이 해류가 남극대륙 주변을 순환하면서 남극을 철저히 고립시켰다. 남극대륙에 차가운 공기가 갇힌 후로 남극대륙에 빙하가 형성되기 시작했다. 그 결과 오늘날에는 남극대륙 면적의 97.6퍼센트가 얼음으로 덮여 있다.

공룡 대멸종 전에는 남극에 빙하가 없었으니 둘리가 빙하에 갇힐 수는 없다. 슬프게도 둘리는 남극에 빙하가 생기기 전인 약 6200만 년 전에 다른 공룡들과 함께 지구를 떠났을 것이다. 둘리가 빙하를 타고 서울에 온다는 이야기는 우리의 상상 속에서만 가능하다.

이산화탄소의 하소연

✦ ✦ ✦

나는 한동안 매일 아침 잠에서 깨자마자 휴대전화를 열어 SNS에 'Keeling curve' 계정을 검색했다. 하와이 마우나로아 관측소에서 측정한 전날의 이산화탄소 농도 데이터를 확인할 수 있기 때문이다. 대학원에서 남극 빙하를 이용해 과거의 이산화탄소 농도 변화에 관해 연구를 시작한 후 한동안 일기예보를 보듯 이산화탄소 농도를 확인했다. 온실 기체를 연구하는 학생으로 현재 대기 중 이산화탄소 농도가 어떻게 변화하는지도 알아야 한다고 생각했기 때문이다.

2023년 2월 28일의 이산화탄소 농도는 421.2피피엠이었다. 이산화탄소의 농도를 나타내는 단위는 피피엠parts per million으로 공기 분자 100만 개 중 이산화탄소가 차지하는 비율을 나타낸다. 이산화탄소의 농도가 421.2피피엠이라는 것은 내가 손을 허공에 뻗어 공기 분자 100만 개를 잡으면 그중 이산화탄소 분자는 421.2개가 있다는 뜻이다. 더 익숙하게 표현하면 대기의 구성 성분 중 이산화탄소가 차지하는 비율이 0.04212퍼센트라는 의미다. 대기 중 이산화탄소 농도가 많아 줄여야 한다고 말하지만 사실 이산화탄소가 대기 구성 성분 중 차지하는 비율은 0.04212퍼센트밖에 되지 않는다.

그러나 이 적은 양의 이산화탄소는 지구에 커다란 영향을 끼친다. 지구가 태양 주위를 도는 동안 태양 복사에너지가 단파의 형태로 지구 대기를 통과하여 지구 표면에 도달한다. 단파였던 태양 복사에너지는 이때 장파인 적외선으로 바뀐다. 이 적외선 중 절반 가량은 다시 지구 밖으로 빠져나가지만 일부는 온실 기체에 흡수되어 지구에 머문다. 수증기, 이산화탄소, 메탄과 같은 온실 기체는 단파, 즉 파장이 짧은 태양 복사에너지는 통과시키지만 파장이 긴 적외선은 흡수하는 성질을 갖기 때문이다. 덕분에 지구의 평균온도를 약 섭씨 15도로 유지할 수 있다. 대기가 없는 다른 행성을 보면 온실 기체가 없어 태양 복사에너지를 흡수하지 못해 일교차가 매우 크다. 지구도 대기 중에 이산화탄소가 없었다면 열에너지 대부분이 다시 지구 밖으로 반사되어 평균기온이 영하 19도로 인류가 살기 어려운 환경이 되었을 것이다. 이산화탄소 농도를 줄여야 한다고 하지만 역설적으로 우리는 대기 중 이산화탄소 덕분에 지구에 살 수 있는 것이다. 이산화탄소는 죄가 없다. 도리어 인류가 살 수 있는 환경을 만들어준 고마운 존재다.

산업혁명 이후 토지 이용의 변화, 화석연료의 사용, 시멘트 공정 같은 인류 활동으로 인해 이산화탄소 방출량은 급격하게 증가했다. 그 결과 더 많은 열에너지를 지구에 붙잡아두기 시작했다. 대기 중으로 이산화탄소가 방출되면 대기에서 사라지는 데 수백수천 년이 걸린다. 이산화탄소는 일종의 지구 담요다. 지금까지는 담요 하나만으로도 인류가 살기 충분했는데 대기 중 이산화탄소 농도가 증가하면서 지구를 덮고 있는 담요가 한 개에서 두 개, 세 개가 된 것이다. 그래서 지구는 점점 더 더워지고 있다.

인류 활동으로 인해 대기 중 이산화탄소 농도가 얼마나 증가했는지 관찰할 수 있게 된 것은 사실 얼마 되지 않는다. 이산화탄소 농도의 증가 속도를 정량적으로 알 수 있게 된 것은 미국의 과학자 찰스 킬링 박사 덕분이다. 1950년대까지만 해도 과학자들은 화석연료 사용을 포함한 인류 활동으로 대기 중 이산화탄소의 농도가 증가하고 있을 것으로 추측은 했지만 증가량의 수치는 알 수 없었다. 당시에는 이산화탄소 농도를 정밀하게 측정하는 것이 거의 불가능했다. 찰스 킬링 박사가 적외선 기체 분석 장치infrared gas analyzer

를 개발하면서부터 이산화탄소 농도는 정확하게 측정될 수 있다.

킬링 박사는 1958년 3월부터 하와이 빅아일랜드섬에 위치한 마우나로아 관측소에서 이산화탄소 농도를 측정하기 시작했다. 이것이 세계 최초의 대기 중 이산화탄소 실측 데이터다. 이 지역에서 측정한 이유는 도시 및 공장과 멀리 떨어져 있고 관측소가 해발 3396미터에 있어 인류 활동으로 발생한 대기오염의 영향을 적게 받기 때문이다. 그때로부터 지금까지 측정은 계속되고 있다. 이 데이터는 킬링 박사의 이름을 따서 '킬링 곡선Keeling Curve'이라고 부른다.

킬링 곡선은 하와이 지역의 이산화탄소 농도 변화를 대변하지만 지구에서 가장 긴 이산화탄소 데이터이므로 이산화탄소 농도 변화 연구를 할 때 대표 데이터로 사용된다. 2022년 이산화탄소의 평균 농도는 418.56피피엠이었다. 1958년 최초 측정치인 315피피엠보다 100피피엠 이상 높다. 증가량 자체도 많지만 더 큰 문제는 증가 속도 자체가 어마어마하다는 것이다. 이산화탄소 측정을 시작했던 초기에는 매년 약 0.9피피엠씩 증가했다면 지금은 약 2.4피피엠으로 늘었다. 킬링 곡선을 통해 인류 활동이 대기 중 급격한 이산화탄소 농도의 증가 원인임을 알게 되었다.

킬링 곡선은 시간 규모에 따라 이산화탄소 농도가 변화하는 양상을 보여준다. 즉 24시간 동안 농도는 자연적으로 오르락내리락한다. 식물의 광합성 때문이다. 광합성이 활발한 낮에는 이산화탄소 농도가 하루 중 가장 낮고, 반대로 광합성이 줄고 호흡이 늘어나는 저녁에는 이산화탄소 농도가 가장 높아진다. 이산화탄소 농도는 계절에 따라서도 다르다. 이산화탄소 농도는 식물의 광합성과 토양의 호흡에 영향을 받는다. 여름에는 식물의 광합성량이 많아 이산화탄소의 농도가 낮아지는 데 반해 겨울에는 식물의 광합성량이 적어 이산화탄소 소비가 줄어들어 이산화탄소 농도가 상대적으로 높다.

북반구는 남반구와 계절이 반대라 이산화탄소 농도 패턴도 반대다. 게다가 북반구의 면적이 남반구보다 커서 북반구에서 측정한 이산화탄소 농도는 육상의 영향을 많이 받는다. 따라서 북반구의 이산화탄소 농도 그래프에서 계절 변화를 더 뚜렷하게 관찰할 수 있다. 연중 이산화탄소 농도가 가장 높은 시기는 북반구의 봄인 5월이다. 이 시기는 북반구에 사는 식물이 대규모로 대기 중 온실가스를 제거하기 직전이다. 가을부터 이른 봄까지 북반구의 식물과 토양이 대기 중으로 내뿜은 이산화탄소가 쌓여 있다. 반대로 여름에 광합성이 활발히 일어나 북반구의 여름 끝자락이자 가을이 시작되기 전 이산화탄소의 농도는 가장 낮다. 여름인 6월부터 점점 감소하다 10월에 최젓값을 보이고 그 후 광합성량이 줄어들면서 대기 중 이산화탄소 농도가 증가해 5월에 가장 높은 것이다. 그래서 매년 5월이 되면 지금 '대기 중 이산화탄소 농도가 역사상 가장 높다'는 뉴스 기사를 흔히 들을 수 있다.

나는 더 이상 일기예보를 보듯 매일 이산화탄소 농도를 확인하지 않는다. 매일의 변화가 의미하는 바는 그리 크지 않다는 것을 알게 되었기 때문이다. 이산화탄소 농도는 인위적인 이산화탄소 배출로 인해 증가할 수도 있지만 자연적으로도 변동한다. 단순하게 생각하면 어제의 인간 활동으로만 오늘의 이산화탄소 농도가 급격히 증가하는 것이 아닐 수 있다. 그래서 한 해 동안의 나를 돌아보듯, 한 해를 다 보내고 난 후 대기 중 이산화탄소 평균 농도를 확인한다.

지구상에서 이산화탄소가 존재할 수 있는 곳은 대기권, 해양권, 육상생물권 그리고 암석권이다. 이를 이산화탄소 저장소carbon reservoir라고 한다. 가장 큰 이산화탄소 저장소는 암석권인데 반응 속도가 매우 느려 기후 연구에서는 잘 고려하지 않는다. 나머지 세 저장소 중 가장 큰 곳은 해양권이다. 심해에는 약 3만 8400기가톤, 표층수에는 약 1020기가톤 정도의 탄소가 저장되어 있다. 대기에는 720기가톤, 육상생물권에는 약 2000기가톤의 탄소가 저장되어 있다.

대기 중 이산화탄소 농도는 일종의 대기와 해양, 육상생물권 사이에서 반응이 일어난 결과다. 예를 들어 식물이 낮 동안 광합성을 통해 대기 중 이산화탄소를 소비하면 농도가 줄어든다. 이는 육상생물권과 대기권이 반응한 결과다. 대기 중 이산화탄소는 표층수에 녹는데 이는 해수의 온도와 밀접한 관련성이 있다. 차가운 사이다에 가스가 풍부하듯 해양 온도가 낮으면 대기 중 이산화탄소도 해수에 잘 녹는다. 표층에 사는 식물성 플랑크톤이 광합성을 통해 이산화탄소를 소비한다. 이는 대기권과 표층수가 반응한 결과다. 차가운 심해에는 탄소가 아주 많이 녹아 있어 해수 순환에 따라 대기 중으로 이산화탄소를 방출하기도 한다. 이는 대기와 심해 간의 반응이다. 대기와 다른 이산화탄소 저장소 사이의 반응은 대기 중 이산화탄소의 농도를 줄이거나 늘어나게 할 수 있다. 이렇게 이산화탄소가 다양한 저장소를 오가는 현상을 탄소순환이라고 한다.

대기와 각기 다른 이산화탄소 저장소 간 반응 속도는 매우 다르다. 앞서 언급했듯이 일 년 혹은 수십 년처럼 짧은 시간 규모에서는 이산화탄소 농도가 표층수나 육상생물권의 영향을 가장 많이 받는다. 그러나 1000년 이상의 규모로 봤을 때는 탄소를 많이 저장할 수 있는 심해의 영향을 더 받는다. 따라서 미래의 이산화탄소 농도를 예측하려면 인류 활동으로 인해 배출되는 이산화탄소 양뿐만 아니라 자연적으로 해양과 육상생물권이 대기와 어떻게 영향을 주고받는지에 대해 이해할 필요가 있다.

대기 중 이산화탄소가 해양 및 육상생물권과 어떤 관계를 갖는지 우리는 아직도 잘 알지 못한다. 킬링 곡선 데이터의 길이가 약 65년으로 짧아서 탄소순환이 어떻게 이루어지는지 이해하는 데 한계가 있다. 대신 인류의 영향이 없던 시기에 탄소순환이 어떻게 이루어졌는지 안다면 미래 이산화탄소 농도 예측에 도움이 될 것이다. 과거에도 지금처럼 급격히 이산화탄소 농도가 증가했던 시기가 있었는지, 그랬다면 이유가 무엇인지 알아야 한다. 이러한 질문에 답하기 위해서는 과거로 돌아가 봐야 한다. 타임머신을 타고 갈 순 없지만 지구의 과거를 그대로 간직하고 있는 '냉동 타임캡슐'인 남극 빙하를 이용하면 해답을 구할 수 있다.

위스키 한 잔이 세상을 바꾼 사연

✦ ✦ ✦

연구를 시작하면 나는 가상현실에 들어가듯 세상과 잠시 단절한다. 때로는 메신저를 탈퇴하기도 하고 친구들 곁을 떠나기도 한다. 오직 나와 연구만 존재하는 세상에서 한동안 지내다 연구가 끝나면 현실로 되돌아온다. 몰입에서 벗어나자마자 나는 드라마 촬영을 마치고 배역에서 빠져나오는 배우가 된 것처럼 눈물이 난다.

난생처음 강렬한 몰입을 경험한 건 석사 논문을 쓸 때였다. 석사과정 동안 나는 1만 1700년에서 7400년 동안 발생한 초기 홀로세 기간의 대기 중 이산화탄소 농도를 복원해 그 변화를 연구했다. 연구를 진행하면서 아무도 모르는 과거의 대기 중 이산화탄소 데이터를 가장 먼저 얻었다. 내가 측정한 데이터를 기존의 다른 기후 자료와 비교하면서 이산화탄소 농도 변화의 원인을 추정했다. 이

건 마치 미지의 퍼즐을 맞추는 일이었다. 이산화탄소 농도를 변화시킨 원인을 찾아가는 몇 달의 시간은 매우 고통스러웠으나 그 원인을 찾아냈을 때 주어지는 기쁨은 너무나 컸다. 돈으로도 살 수 없는 이 경험을 다시 하려면 박사과정을 하는 수밖에 없었다. 석사과정에서 얻은 강렬한 도파민 때문에 박사 학위를 취득한 후의 삶에 대해서는 생각하지 않은 채 건너지 말아야 할 강을 건너버린 셈이었다.

같은 실험실에서 박사과정을 밟으면 매너리즘에 빠질 것 같아 유학을 결정했다. 하지만 1년 동안 탈락의 고배를 마셨다. 당시 친하게 지내던 언니가 어느 나라든 직접 본 사람에게 기회를 준다며 학회에 가서 교수를 만나보라고 제안했다. 이번에도 전 재산 350만 원을 들고 무작정 유럽에서 열리는 유럽 지구 물리학회EGU에 갔다. 빙하 세션이 진행되는 학회장 방 앞에서 서성이는데 석사 때 같은 실험실을 썼던 친구가 흥분한 표정으로 누군가와 이야기를 나누고 있었다. 빙하 분야에서 유명한 제롬 샤펠라 박사였다. 친구의 소개에 얼떨결에 그에게 인사를 건넸다. 그리고 학회를 마친 후 그가 일하는 프랑스 그르노블 빙하 연구소LGGE에 놀러 갔다가 거기에 눌러앉게 되었다.

그르노블 빙하 연구소의 클로드 로리우스 박사는 1965년 러시아 팀과 빙하를 시추하러 남극의 아델리랜드로 향했다. 남극에서 가장 긴 빙하 코어를 확보하기 위해 보스토크 빙하를 시추하러 간 것이다. 보스토크는 남극 내륙에 위치해 남극에서도 매우 춥고 건조하고 고도도 높다. 보스토크 기지는 해발 3488미터에 자리 잡고 있으며 1983년 7월 21일 지구에서 기록된 최저 기온 영하 89.2도가 관측된 곳으로 남극에서도 가장 추운 지역 중 하나로 알려져 있다. 극한 환경에서 그의 유일한 낙은 매일 밤 마시는 위스키 한 잔이었다. 활동을 마치고 늘 식전주로 위스키를 마셨다. 온더록스로 컵에 얼음을 넣고 위스키를 따라 마셨는데 어느 날 얼음이 떨어져 시추한 빙하에서 얼음을 몇 조각 떼어다 위스키에 넣었다. 그런데 마치 샴페인을 따른 것같이 얼음 조각에서 방울이 톡톡 터져 나오기 시작했다. 그 장면을 보고 그는 과거의 기체가 빙하 속에 담겨 있을지도 모른다는 생각을 품게 됐다. 남극에서 활동을 마치고 연구소로 돌아오자마자 빙하 속에 포집된 기체를 이용해 이산화탄소를 측정할 방법을 찾기 시작했다. 이것이 바로 빙하를 이용한 이산화탄소 연구의 출발이었다.

극 지역 빙하는 우리가 흔히 냉장고에서 보는 얼음과 다르다. 보통의 얼음은 표면이 매끈하다. 그러나 110미터 이하에서 획득한 빙하를 들여다보면 그 안에 꼭 불순물이 가득히 박힌 것처럼 작은 공기 방울이 보인다. 이 방울이 바로 당시의 대기다. 작은 공기 방울은 빙하의 약 10퍼센트를 차지한다. 이 방울을 다 터뜨려 포집된 공기를 빼내고 농도를 측정하면 과거 이산화탄소 농도를 복원할 수 있다.

이산화탄소 측정에서 가장 어려운 것은 빙하에서 공기를 빼내는 기술이다. 빙하로 이산화탄소를 연구하는 곳은 전 세계에 네 곳 정도인데 연구실마다 공기를 추출하는 기술이 다르다. 보통 10~40그램 크기의 샘플을 온도가 매우 낮고 진공 상태인 기기에 넣고 물리적으로 깨부수어 빙하에 포집된 기체를 뽑아낸다. 깨부술 때는 철로 만든 바늘이나 구슬을 이용하기도 하고 칼날로 갈기도 한다. 이렇게 뽑아낸 공기를 가스 크로마토그래피gas chromatography라는 장치를 이용해 분석한다.

빙하는 남극과 그린란드에서 얻을 수 있지만 정확한 이산화탄소 농도 복원을 위해서는 남극 빙하만 사용한다. 그린란드 빙하에는 먼지가 많아 그 안에 있던 탄산칼슘과 빙하에 존재하는 산이 반응해 인공적으로 이산화탄소가 만들어진다. 그런 탓에 실제 이산화탄소 농도보다 높게 측정되어 복원에 적합하지 않다. 반대로 남극은 먼지가 적어 과거 이산화탄소 농도를 가장 정확하게 복원할 수 있다. 이산화탄소는 1년 이내에 전 지구적으로 섞이기 때문에 남극에서 복원한 이산화탄소 농도가 지구 전체의 이산화탄소 농도를 반영한다고 봐도 무방하다.

나는 2015년 10월 박사과정을 시작했다. 그로부터 2주 뒤 2015년 칸영화제 폐막작으로 선정된 영화 「빙하와 하늘La Glace et le Ciel」이 개봉했다. 이 영화는 클로드 로리우스 박사의 남극 탐험과 이산화탄소 연구 여정에 관한 다큐멘터리다. 영화가 개봉한 날 우리 연구소 사람들 모두 시사회에 참석했다. 한국에서 프랑스어를 딱 한 달 배웠던 나로서는 프랑스어로 된 다큐멘터리를 하나도 이해할 수 없었다. 영화에는 우리 실험실도 나오고 내 지도교수도 나왔다. 이해도 안 되는 영화를 한참 보는데 마치 점술가가 구슬을 만지며 내 미래의 모습을 보여주는 것만 같았다. 긴 영화가 끝나자 로리우스 박사가 무대에 서서 소감을 전했다. 빙하 연구의 한 획을 그은 그를 보면서 나도 그와 같은 과학자가 되고 싶다고 생각했다.

내가 맡은 프로젝트는 가장 오래된 과거를 복원할 수 있는 돔 시 빙하 코어를 이용하여 마지막 빙하기 이전인 17만~13만 년 전에 발생한 두 번째 빙하기The Penultimate Glacial Period 동안의 이산화탄소 농도를 고해상도로 복원하는 일이었다. 기존 연구는 보스토크 빙하 코어로 농도를 복원한 터라 데이터 해상도가 낮았다. 1000년 단위 해상도로 데이터를 측정해 이산화탄소 변동을 자세히 관찰하지 못했다는 한계가 있었다. 게다가 1999년도에 측정한 데이터라 당시의 기술로는 최선이었겠으나 데이터의 정밀도가 낮아 이산화탄소 농도를 정확히 알 수 없다는 단점도 있었다. 우리는 샘플 데이터 간의 간격을 250년으로 줄여 데이터의 해상도를 높이고 데이터 측정 기술을 향상해 정밀도를 높이는 데 초점을 맞췄다.

실험에 앞서 지난 몇 년간의 연구 노트를 보다가 이산화탄소 측정 장비를 그동안 쓰지 않았다는 걸 깨달았다. 오랫동안 실험 기기를 방치하면 기기의 정밀도가 떨어진다. 나는 아침 8시에 출근해 오후 8시에 퇴근하는 일과를 1년 동안 반복하며 기기의 정밀도를 높이기 위해 애썼고 결국 해상도를 세계 최고 수준으로 높일 수 있었다. 그 후엔 또 아침 8시에 출근하고 오후 8시에 퇴근하는 일과를 1년 넘게 반복하며 두 번째 빙하기 동안의 이산화탄소 농도를 측정했다.

매일 아침은 냉동고에서 샘플을 자르는 일로 열었다. 자르기 전 빙하 시료를 매만지면 타임머신을 타고 우리가 살아보지 못한 과거로 돌아가는 것 같았다. 나는 내가 들고 있던 샘플이 지금으로부터 19만 년 전에 만들어졌구나, 14만 년 전에 만들어진 빙하였구나 하면서 우리가 갈 수 없는 지구를 상상하며 과거를 여행했다. 찰나의 시간 여행을 마친 후 냉동고에서 샘플의 모든 표면을 1센티미터 정도로 잘라 오염된 부분을 제거했다. 그러면서 혹여나 과거 대기를 맡을 수 있을까 싶어 샘플을 자르고 재빨리 코를 가져다 대기도 했다.

샘플을 다 자르면 실험실로 향했다. 그곳에 들어설 때마다 나는 긴장했다. 반복된 실험에 익숙해질 법도 한데 장비 앞에 서면 늘 떨렸다. 정확한 데이터를 내야 한다는 압박감 때문이었다. 어렵게 남극에서 시추해온 빙하 샘플을 내 실수로 망가뜨릴지 모른다는 걱정에 익숙한 실험인데도 매번 손이 부들부들했다. 남극에 가서 다시 빙하 코어를 시추하지 않는 이상 또 얻을 수 없는 세상에 단 하나뿐인 샘플이다. 게다가 이산화탄소 데이터는 고기후를 연구하는 모든 과학자가 사용하는 자료이니 실험할 때마다 내 결과를 철석같이 믿고 사용할 다른 과학자들의 얼굴이 떠올랐다.

프랑스 박사과정은 3년이다. 물론 연구 규모에 따라 기간이 늘어나기도 하지만 기간 연장에는 조건이 따라붙는다. 연구 규모가 너무 커 시간이 더 필요하거나 불가피한 상황 때문에 연구가 지연된 게 아니면 3년이라는 기간 내에 연구를 마쳐야 한다. 제한된 기간에 프로젝트를 완성할 줄 아는 연구자를 양성하는 교육과정 덕분에 나는 아주 열심히 일하는 과학자가 되었다. 그렇지 않으면 학위를 마치지 못할 수 있다. 3년 안에 프로젝트를 마무리해야 한다는 생각에 실험실 문이 열리는 시간에 출근하고 문을 닫는 시간에 퇴근하는 일을 반복했다. 하루 종일 기기와 함께 있자 나중엔 매일 아침 기기에 손을 대면 그것의 상태를 느낄 수 있는 정도가 됐다. 그러나 바쁜 내 마음과 다르게 무리하면 할수록 기기는 고장이 났다. 고장 나면 2~3개월씩 실험이 중단됐다. 조급한 마음에 기기를 달래도 보면서 실험을 계속했다. 3년이라는 계약 기간 중 10개월이 남은 어느 날 갑자기 눈물이 났다. 직감적으로 데이터를 추출하는 일을 마무리해야 한다는 생각이 들었다. 데이터를 더 내면 좋겠지만 여기서 멈추지 않으면 제때 졸업하지 못할 것 같았다.

실험을 마무리하고 그동안 측정한 데이터로 논문을 쓰기로 했다. 데이터를 정리해 기존의 기후 및 해양 데이터와 비교하며 두 번째 빙하기 동안 이산화탄소 농도 변동의 이유를 찾아 논문을 썼다. 서둘렀지만 3년이라는 기간은 연구를 마무리하기엔 부족했다. 어쩔 수 없이 한 학기를 더 연장했다. 그래도 연구소 최초로 이산화탄소 고정밀·고해상도 자료 복원에 성공했다는 연구 성과를 내고 무사히 졸업할 수 있었다.

박사 학위 발표를 마치고 세 명의 지도교수가 청중을 향해 나에 대한 평가를 했다. 첫 번째 지도교수인 제롬은 "이제 우리 실험실에서 나온 이산화탄소 농도 데이터를 논할 때 진화가 일하기 전인지 후인지로 나뉩니다"라고 평가했다. 이어 세 번째 지도교수인 프레드가 말했다. 그는 두 번째 빙하기의 또 다른 이름인 MIS 6와 프랑스어로 MIS를 '미스'라고 발음하는 것을 이용했다. "MIS 6 기간의 아주 아름다운 이산화탄소 데이터를 뽑아낸 진화는 미스 시오투입니다."

내 인생의 화양연화였다. 학문에 대한 순수한 호기심과 과학자로서의 사명감으로 몰입할 수 있었던 유일한 시간이었다. 모든 고기후 연구자가 활용하는 데이터라는 생각에 정확히 측정해야 한다는 압박을 느끼며 매일 시달렸지만 그 과정을 해내고 돌이켜보니 그만큼 의미 있는 일이었다. 박사과정 동안 이룬 크고 작은 성과는 언제나 나를 뒤에서 지원해준 듬직한 세 지도자 덕분이었다. 클로드 로리우스 박사처럼 빙하학의 역사를 새로 쓰는 일은 없었지만 2019년 3월 나는 드디어 빙하학자가 되었다.

이산화탄소가 그렇게 이상한가요?

✦✦✦

과학에서 용어 사용은 까다롭다. '덥다' '춥다'처럼 사람에 따라 의미가 달라지는 상대적인 말은 과학적인 단어가 아니다. 우리는 매우 추운 겨울이나 매우 더운 여름을 경험하고 나면 극한의 날씨를 바탕으로 그해 겨울과 여름의 기온을 평가하곤 한다. 그러나 이러한 판단은 위험하다. 반면 단어에 기준을 세워주면 과학적인 단어가 된다. 올해 여름이나 겨울의 평균기온을 지난 30년 동안의 평균기온과 비교해 더 낮을 때 '춥다', 더 높을 때 '덥다'라고 정의를 내리면 이는 과학적인 단어가 된다.

오늘날의 이산화탄소 농도에 대한 평가도 마찬가지다. 하와이에서 측정한 대기 중 이산화탄소 실측 데이터를 통해 우리는 인류 활동으로 이산화탄소 농도가 '급격히 증가'하고 있음을 알고 있다.

그러나 오늘날의 이산화탄소 실측 데이터는 이미 인류 활동의 영향을 적극적으로 받은 결과다. 게다가 오늘날과 유사한 환경을 가진 과거에도 지금처럼 이산화탄소 농도가 높았던 때가 있을 수 있고 자연적으로 이산화탄소 농도가 급격히 상승한 시기가 있었을 수 있다. 그래서 인류 활동으로 이산화탄소 농도가 급격히 증가했다고 평가하기는 어렵다.

평가를 위해서는 기준이 있어야 한다. 바로 우리가 사는 환경과 유사하면서 인류의 영향을 거의 받지 않은 시기의 이산화탄소 농도 데이터가 필요하다. 인류 활동의 영향을 거의 받지 않은 산업혁명 이전과 오늘날의 이산화탄소 데이터를 비교하면 현재 대기 중 이산화탄소 농도가 인류 때문에 얼마나 급격히 증가했는지 판단해볼 수 있다. 이를 위해서 남극 빙하 코어에 기록된 80만 년 동안의 이산화탄소 농도를 활용한다.

우선 과거의 이산화탄소 확인에 앞서 고기후의 연대부터 이해해야 한다. 우리는 그레고리력의 연도, 즉 서기Common Era, CE를 사용한다. 반면 고기후 분야에서 사용하는 연대는 BPBefore Present로 기준점이 서기 1950년이다. 그래서 고기후 그래프의 0BP는 1950년을 의미한다.

빙하에 포집된 기체를 이용해서 복원한 데이터를 살펴보면 지난 80만 년 동안 이산화탄소 농도는 일정한 영역 내에서 변화했음을 알 수 있다. 평균적으로 최솟값인 180피피엠과 최댓값인 280피피엠 사이를 왔다 갔다 하며 10만 년 주기로 움직였다. 이는 빙하 코어의 수소 동위원소를 통해 추정한 남극의 온도 변화와 유사하다. 남극의 온도 추정 자료를 살펴보면 80만 년 동안 여덟 번의 빙하기-간빙기 주기가 나타났다. 빙하기와 간빙기의 기온차는 약 섭씨 4~5도이고 이산화탄소 농도는 빙하기에 약 180~200피피엠 수준으로 상대적으로 낮고, 간빙기에 약 280피피엠 수준으로 상대적으로 높았다.

빙하기glacial period는 상대적으로 추운 시기로 빙상이 온대 지역까지 확장된 시기를 말하며 평균적으로 약 9만 년 동안 지속됐다. 빙하기 내에서 1000년 주기로 이산화탄소 변동을 살펴보면 20피피엠 정도의 농도 변동을 관찰할 수 있다. 빙하기와 빙하기 사이에 빙하가 후퇴하고 전반적으로 따뜻한 시기가 있는데 이를 간빙기 interglacial period라고 한다. 간빙기의 기간은 약 1만 년으로 빙하기에 비해 상대적으로 짧다. 간빙기에 기후는 매우 안정적이고 이산화탄소 농도 변화도 거의 없다. 빙하기에서 간빙기로 전환할 때 온도가 급격히 증가하는 해빙기가 존재한다. 해빙기에 남극 온도와 함께 이산화탄소 농도도 급격히 증가했다.

이산화탄소 농도가 10만 년 주기로 움직이는 것은 태양 복사 에너지와 관련이 있다. 태양은 지구의 유일한 외부 에너지원이다. 지구는 태양을 중심으로 공전하고 매일 하루 한 바퀴를 회전하며 자전한다. 공전과 자전을 하는 동안 지구가 태양으로부터 받는 에너지 양이 달라지면서 일정한 기후 주기가 발생한다. 이를 밀란코비치 주기Milankovich cycle라고 한다.

밀란코비치 주기는 세 가지로 나뉜다. 첫 번째는 세차운동이다. 지구의 자전축은 지구 공전면 기준으로 평균 23.5도 기울어 있다. 그리고 지구는 완전한 원형이 아니라 적도 부분의 반지름이 약간 더 길다. 이 때문에 꼭 팽이의 마지막 회전처럼 회전축 기준으로 비틀거리며 돈다. 이를 세차운동이라고 한다. 지구가 팽이처럼 까딱거리며 한 바퀴 도는 데 약 2만 6000년이 소요된다. 두 번째는 자전축 기울기의 변화다. 자전축의 기울기는 23.5도로 고정되어 있는 게 아니라 22.1도에서 24.5도 사이를 주기적으로 왔다 갔다 한다. 기울기의 변화는 4만 1000년의 주기를 가지며 기울기가 움직이면 위도에 따라 태양에너지가 들어오는 양이 달라져 기후에 영향을 줄 수 있다. 세 번째는 이심률의 변화다. 지구는 공전할 때 태양 주위를 타원형 모양으로 회전한다. 그러나 이 공전궤도는 항상 똑같이 유지되는 것이 아니라 타원형에서 원형으로 되었다가 다시 타원형이 되기도 한다. 타원이 얼마나 일그러졌는지 보여주는 수치를 이심률이라 하고 공전궤도의 주기적인 변화를 이심률의 변화라고 한다. 이 이심률은 10만 년 주기로 변한다. 이심률에 따라 지구와 태양의 거리가 변하면서 지구에 도달하는 연간 태양 복사에너지의 양도 달라진다.

정리하면 기후는 지구의 세차운동, 지구 자전축 기울기 변화, 이심률의 변화와 같은 천문학적인 요인에 의해 주기적으로 변동했다. 신기하게도 시기에 따라 세 가지 중 우세하게 나타나는 주기가 있다. 빙하와 해양 퇴적물을 통해 복원한 기후 데이터를 살펴보면 약 70만 년 전부터 오늘날까지는 계속 10만 년 주기가 우세했다. 그러나 약 90만 년 전 이전에는 기후 주기가 약 4만 1000년이었다. 120만~90만 년 사이에 기후 주기가 갑자기 10만 년으로 바뀐 것이다. 이렇게 주기가 바뀐 120만~70만 년 전을 플라이스토세 중기 기후 전이기Mid-Pleistocene Climate Transition, MPT라고 부른다. 주기가 변화한 이유는 아직 명확하지 않다.

이산화탄소 농도가 태양 복사에너지에 직접적인 영향을 받아 주기적으로 변화한 것은 아니다. 태양 복사에너지의 영향을 받은 기후가 이산화탄소에 영향을 준 것이다. 특히 이산화탄소 농도 변화와 남극 온도와의 상관관계는 이산화탄소 농도가 남극을 둘러싼 남극해와 관련이 있음을 시사한다. 남극해의 차가운 심층수는 대기 탄소량의 60배에 달하는 탄소를 저장하고 있는 거대한 이산화탄소 저장소다. 이 심층수가 남극 주변을 순환하는데 남반구 편서풍의 강화로 심층수가 바다 표층으로 올라와 용승[*]하면 저장되어 있던 이산화탄소가 대기로 배출돼 대기 중 이산화탄소 농도를 증가시킨다. 그러나 해빙이 남극해 주변 바다를 둘러싸고 있으면 대기로 이산화탄소가 방출되는 것을 막을 수 있다. 반대로 심층수에는 영양염이 많아서 심해수가 용승하면서 해양 표층에 사는 식물 플랑크톤에게 영양분을 제공해주어 식물 플랑크톤이 번성하면 대기 중 이산화탄소를 줄일 수 있기도 하다. 이러한 조건 때문에 빙하기에는 이산화탄소 농도가 낮고 간빙기에는 이산화탄소 농도가 상대적으로 높았다. 게다가 이산화탄소는 수온이 낮으면 바다에 잘 녹아 이런 경향은 더 강해진다.

인류의 영향을 거의 받지 않고 오늘날과 기후 조건이 유사한 80만 년간의 데이터와 오늘날의 데이터를 비교해보면 인류 활동으로 이산화탄소 농도가 얼마나 증가했는지 알 수 있다. 2022년

---

[*] 해양에서 비교적 찬 해수가 표층해수를 제치고 올라오는 현상.

한 해 동안 하와이에서 측정한 이산화탄소 평균 농도는 418.56피피엠이었다. 이 수치는 자연적인 최댓값인 280피피엠에서 130피피엠 이상 증가한 수치로, 인류 활동이 대기 중 이산화탄소 농도를 40~50퍼센트 이상 증가시켰음을 뜻한다. 「IPCC 제6차 보고서」에 따르면 지구 평균온도는 약 섭씨 1.09도 상승했다. 이산화탄소 농도가 오늘날처럼 높았던 시기가 있긴 했다. 2023년 12월 Cen-CO_2PIP 국제 공동 연구팀이 광물 동위원소와 나뭇잎 화석 등을 이용해 간접적으로 복원한 신생대 기간 6600만 년 동안의 대기 중 이산화탄소 농도 연구 결과를 발표했다.[3] 약 5000만 년 전에서 250만 년 전까지 대기 중 이산화탄소의 농도가 1600피피엠에서 280, 270피피엠까지 지속해서 하강했는데 오늘날의 이산화탄소 농도 레벨과 가장 유사한 시기는 약 1400만 년 전이었다. 우리 삶은 미래를 향해 나아가고 있는데 이산화탄소 농도는 과거로 거슬러가는 셈이다.

인류 활동으로 이산화탄소 농도가 급격히 증가하고 있다. 급격하다고 말하는 이유는 오늘날의 이산화탄소 실측 데이터의 연평균 증가율이 상승하고 있기 때문이다. 1961년에서 1970년까지 매년 평균 0.9피피엠씩 상승했으나 2011년에서 2020년까지는 평균 증가율이 2.4피피엠이었다. 그러나 이렇게 급격히 상승하는 시

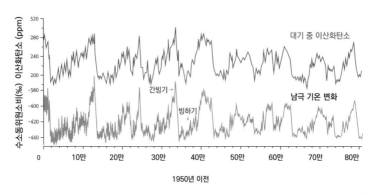

80만 년 동안의 이산화탄소 농도 변화와 남극 기온 변화[4]
출처 Bereiter et al., (2015), Jouzel et al., (2007)

기가 과거에도 있긴 했다. 간빙기에는 기후가 대체로 안정적이라 빙하기에 비해 이산화탄소 농도 변화가 적다. 그러나 45만 년에서 33만 년 전 사이 고해상도 이산화탄소 데이터[5]에 따르면 빙하기뿐만 아니라 해빙기와 간빙기에 이산화탄소의 급격한 변동이 있었음이 관찰된다. 이 시기의 이산화탄소 증가율은 1.5~4.5피피엠으로 오늘날처럼 급격했다.

그러나 둘 사이에는 분명한 차이점이 있다. 지난 45만~33만 년 전 사이에 관찰된 이산화탄소 증가율은 1세기 동안의 이산화탄소 농도 변화와 같다. 오늘날은 과거에 비해 훨씬 더 빨리 증가하고 있는 것이다. 인류 활동의 영향을 거의 받지 않고 지금과 유사한 기후 조건을 갖고 있는 데이터와 비교해봐도 오늘날의 이산화탄소 농도 변화가 정말 이상하긴 하다. 지난 80만 년 동안 오늘날처럼 대기 중 이산화탄소 농도가 높았던 적이 없고 지구의 역사에서 이산화탄소 농도가 이토록 빠른 속도로 증가한 적도 없었다.

인류 활동으로 대기 중 이산화탄소 농도가 급격히 증가하고 있다는 사실은 자명하다. 이 말은 반대로 인간의 힘으로 이산화탄소 농도 수준과 증가율을 조절할 수 있다는 뜻이기도 하다. 「IPCC 제6차 보고서」에 따르면 탄소 배출 감축 노력이 이루어지지 않고 화석연료 사용이 계속 증가한다면 2100년의 이산화탄소 농도는 지금의 두 배인 800피피엠을 초과할 수 있다고 예상했다.

CenCO$_2$PIP 국제 공동 연구팀의 연구에 따르면 3390만 년 전 당시 대기 중 이산화탄소 농도는 약 720피피엠이었다. 이 시기에는 그린란드에 빙하가 없었으며 남극대륙에는 빙하가 막 형성되기 시작했다. 신생대를 거치며 차가워지고 있었던 지구가 인류 활동의 영향으로 다시 데워지고 있다. 증가한 온실 기체 농도로 우리는 다시 그린란드와 남극에 빙하가 없는 시기를 맞이하게 될지도 모른다. 온실 기체 농도에 대한 이야기는 결국 우리가 살아나갈 지구 환경에 대한 이야기다. 인류의 생존권을 위해 이산화탄소 배출량을 줄일 방법을 찾아야 한다.

바닷속 컨베이어 벨트

✦ ✦ ✦

앞서 말했듯이 과학자들에겐 연구 주제가 본인 이름인 셈이라 연구 주제로 자기소개를 한다. 서로 비슷한 연구를 해도 세부 내용은 아주 달라 과학자들에게도 동료 과학자들의 연구는 매우 어렵다. 내가 동료 과학자에게 남극 빙하 코어로 고기후를 연구한다고 운을 떼우면 '고기후'와 '빙하 코어'라는 낯선 단어 때문에 당황하는 모습을 종종 목격한다. 그러면 나는 빙하 시료가 가지는 의미와 과거 기후 연구 필요성에 관해 자세히 소개한다.

몇 년 전 연재 기사를 준비하면서 2004년에 개봉한 영화 「투모로우」를 다시 봤다. 2004년은 내가 학부에 입학한 해로 그때는 빙하학이라는 학문을 몰랐다. 다시 영화를 봤을 때 나는 첫 장면에서 눈이 동그래졌다. 영화는 주인공 잭 홀 박사가 남극에서 빙하 코어를 시추하는 모습으로 시작한다. 그러니까 영화 주인공이 나처럼 남극 빙하를 이용해 과거 기후를 연구하는 빙하학자였던 것이다. 이제는 영화 「투모로우」를 언급하며 내 연구 분야를 소개하곤 한다. 특히나 영화 내용이 내가 박사 학위 때 진행했던 연구와 관련 있기 때문이다.

잭 홀 박사는 남극 빙하를 시추하다 갑자기 빙상이 갈라지는 것을 목격하면서 지구에 무슨 변화가 일어났음을 감지한다. 아마 기후변화로 남극 빙상이 급격하게 녹고 있다고 판단했을 것이다. 잭 홀 박사는 거기서 아이디어를 얻은 후 국제회의에서 매우 도발적인 연구 결과를 발표한다. 그는 기후변화로 북극의 빙하가 녹아 북반구에 빙하기가 도래할 것이라고 주장한다. 덧붙여 북반구의 급격한 기온 하강은 해양 순환과 관련이 있다고 설명한다. 파격적인 발표 후 사람들의 비웃음을 사고 상사와 갈등한다. 지구 평균온도가 상승하고 있는데 갑자기 빙하기가 온다고 했으니 동료 연구자들이 놀랄 만했다. 그런데 영화라지만 잭 홀 박사의 말이 일리 없는 것은 아니다.

우리 눈에는 보이지 않지만 전 세계 해양은 표층을 흐르는 표층수와 해양 깊은 곳을 흐르는 심층수가 서로 컨베이어 벨트처럼 연결돼 돌아다닌다. 이 해양 순환은 밀도의 영향을 받는데 밀도를 결정짓는 건 온도와 염분이다. 온도가 낮고 염분이 높으면 밀도가 높고 반대로 온도가 높고 염분이 낮으면 밀도가 낮다. 밀도가 높은 물은 바다 깊숙이 천천히 순환하고 반대로 밀도가 낮은 물은 표층에서 순환한다.

바다 깊은 곳을 움직이는 해류가 형성되는 곳이 있다. 바로 북대서양 지역이다. 북반구 고위도 지역인 그린란드 주변을 흐르는 해수는 밀도가 매우 높다. 바닷물도 온도가 낮으면 어는데 이때 물만 얼고 염분은 바다로 빠져나간다. 그래서 그린란드 주변에 차갑고 염분이 높은 심층수가 형성되는 것이다. 북반구 대서양 지역은 밀도가 높은 심층수가 형성되는 지역이다. 이 밀도 높은 심층수는 저위도로 이동해 남극대륙 주변을 돌다 다시 북반구로 올라간다.

고위도 해수가 바다 깊은 곳에서 남쪽으로 이동하면 그린란드 주변 공간은 빈다. 이 공간을 따뜻한 멕시코만에서 형성된 표층수인 멕시코 만류가 이동해와 메운다. 이러한 해양 순환을 대서양 자오선 역전 순환Atlantic meridional overturning circulation, AMOC이라고 한다. 열대지방의 따뜻한 표층수가 북반구로 이동하고 대서양에서 형성되는 차가운 심층수는 저위도로 이동하면서 전 지구적으로 열과 염분을 교환하는 것이다. 해양 순환 덕분에 적도는 너무 덥지 않고 극지는 너무 춥지 않게 유지될 수 있다.

북대서양 고위도 지역에서 빙하가 많이 녹거나, 해수의 온도가 높아지거나, 혹은 비가 많이 내려 해수의 밀도가 낮아지면 심층수 생성이 어려워진다. 공장에 전기 공급이 끊기면 컨베이어 벨트가 멈춰 공산품 생산이 중단되듯이 전 세계를 돌며 열과 염분을 교환하던 해양 순환이 딱 멈춰버리는 것이다. 컨베이어 벨트가 작동하지 않으면 북대서양 고위도 지역에 따뜻한 표층수의 유입이 이루어지지 않아 이 지역의 온도는 하강한다.「투모로우」에서 홀 박사는 이러한 이유로 빙하기가 도래할 수 있다고 경고한 것이다.

실제로 지구도 따뜻했다가 갑자기 빙하기가 도래하긴 했다. 그 현상을 과거 80만 년 기간 중 빙하기에 관찰할 수 있다. 마지막 빙하기에 그린란드 온도 자료를 살펴보면 급격히 추워지는 현상이 관찰된다. 빙하기라는 단어를 떠올리면 춥기만 했을 것 같지만 겨울에도 상대적으로 따뜻한 시기와 추운 시기가 있듯 빙하기에도 추운 시기와 상대적으로 따뜻한 시기가 반복해서 나타났다. 그린란드 빙하 코어 자료로는 마지막 간빙기인 13만 년 전까지 복원할 수 있지만 과학자들이 남극 온도 변화와 그린란드 온도 변화의 상관관계를 이용해 그린란드 온도 변화 추정치[6]를 계산한 데이터가 있다. 이 데이터와 남극에서 복원한 온도 변화 데이터를 비교하면 빙하기 동안 남극과 그린란드에서 온도가 어떻게 변화했는지 추정할 수 있다.

17만~13만 년 전에 발생한 두 번째 빙하기의 기후 자료[7]를 한 번 살펴보면 이때는 빙운쇄설물ice-rafted debris, IRD 의 발생과 강수량의 증가로 북대서양 고위도 지역에서 자연적으로 해류 컨베이어 벨트 가 멈췄을 거라고 추정된다. 이를 AMOC 붕괴라고 한다. 컨베이어 벨트가 멈추자 북반구 지역에는 따뜻한 멕시코만류의 유입이 끊기 고 차가운 심층수가 남반부로 이동하지 못했다. 그러니 북반구 고 위도 지역인 그린란드는 온도가 하강하고 반대로 차가운 심층수 유입이 줄어들어 남극은 상대적으로 따뜻해지기 시작했다. 다시 해류 컨베이어 벨트가 가동되면 그린란드에서는 온도가 급격히 상 승하고 남극에서는 온도가 천천히 하강하기 시작한다. 즉 그린란 드와 남극의 온도는 반대로 움직이는 것이다. 그래서 이 시기의 그 린란드와 남극의 기온을 같이 그려보면 데이터 가운데에 꼭 거울 을 놓아둔 것 같다. 이 모습이 마치 한쪽 시소가 올라가면 반대편 시 소가 내려가는 것과 닮았다고 하여 양극성 시소 반응bipolar seesaw 이 라 부르기도 한다.

그러면 두 번째 빙하기 동안 대기 중 이산화탄소는 이러한 기후에 어떻게 반응했을까?[8] 이 기간에 이산화탄소 농도는 약 180에서 210피피엠 사이를 왔다 갔다 했다. 이산화탄소 변동 폭은 20~25피피엠 정도로 과거 80만 년 동안 이산화탄소 농도가 급격히 변동한 시기다. 그러나 이산화탄소 농도가 20피피엠 오르는 데 약 3000년이나 걸렸으니 지금과 비교하면 아주 천천히 증가한 것이다. 이 기간의 이산화탄소 농도가 남극 빙하에서 복원한 온도 변화처럼 상승했다 하강하는 것을 관찰했다. 흥미롭게도 북반구에서 급격히 온도가 상승하기 전 남극에서는 온도가 천천히 상승했고 이산화탄소 농도도 유사하게 천천히 상승했다. 그러나 이산화탄소 농도는 꾸준히 상승하다 북반구 온도 상승이 일어난 지 750~1830년 후에야 하강하기 시작한다.

이러한 현상은 마지막 빙하기와 다른 형태를 보여준다. 11만 5000~1만 1000년 전에 해당하는 마지막 빙하기 중 6만~2만 7000년 전에도 이러한 양극성 시소 현상이 나타난다. 같은 현상이지만 그 원인은 다르다. 두 번째 빙하기에서는 많은 강수량과 빙하의 붕괴가 원인인 데 반해 마지막 빙하기에는 북대서양 고위도 지역에서 빙하가 붕괴해 발생했기 때문이다. 이러한 차이는 이산화탄소의 변동에도 영향을 줬다. 마지막 빙하기에는 북반구 온도가 급격히 상승한 지 590~950년이 지나서야 이산화탄소가 하강하기 시작했다. 물론 마지막 빙하기에도 이산화탄소 농도가 움직이는 데 시간이 걸렸지만 두 번째 빙하기에 비하면 반응이 매우 빨랐다.

이러한 차이를 보이는 이유는 심해수의 형태와 관련이 있다. 두 번째 빙하기는 마지막 빙하기에 비해 탄소가 아주 풍부한 남반구의 심해수가 북반구로 더 크게 확장되어 있었다. 이러한 해양 순환의 형태가 이산화탄소 농도에도 영향을 미쳤을 거라고 추측하고 있다. 연구 결과로 알 수 있는 것은 기후 조건에 따라 해양 순환도 대기 중 이산화탄소 농도도 상당히 다른 변화 양상을 보인다는 점이다. 이 말을 좀 더 확장해서 생각해보면 지구가 티핑 포인트를 넘어 지금과 확연히 다른 모습을 지니게 되면 기후 패턴이 기존에 우리가 알던 것과 다르게 움직인다는 말이기도 하다. 그렇게 되면 우리는 지구에 대해서 다시 처음부터 공부해야 한다.

「투모로우」의 원제는 'The day after tomorrow'다. '가까운 시일 내에 다가올 수 있는 날'이라는 의미로 지었다고 한다. 잭 홀 박사가 남극 빙하 코어를 시추하다 어떻게 북반구의 급격한 기온 변화를 예측하게 되었는지 의문이긴 하지만 그가 주장하는 대로 빙하기가 정말로 올지도 모른다. 그러나 영화에 묘사한 모습대로 갑자기 북반구가 얼어붙지는 않을 것이다. 지난 빙하기에 있었던 그린란드의 급격한 기온 하강은 몇백 년에 걸쳐 일어났기 때문이다.

정말 그린란드에서 급격하게 기온이 하강할 수 있을까? 현재

는 기후변화로 지구 평균온도가 급격히 상승하고 있어 북반구가
빙하기에 도래한다는 것을 상상하기란 쉽지 않다.

지구가 뜨거워진다는 새빨간 거짓말

✦ ✦ ✦

중학교 2학년 미술 시간이었다. 1년에 한 번 있는 환경의 날이어서 나는 환경 포스터를 그렸다. 흰색 도화지를 세로로 펼친 후 정중앙에 검은색 크레파스로 큰 동그라미를 그렸다. 초록색과 파란색으로 지구의 육지와 바다를 채워넣은 다음 빨간색 크레파스로 다시 지구를 덧칠했다. 그러곤 도화지의 윗부분과 아랫부분에 글을 썼다. "우리 지구가 뜨거워지고 있어요." 그러나 이 말이 반은 맞고 반은 틀리다는 것을 빙하학을 전공하면서 알게 되었다.

우리는 빙하 시대를 살아가고 있다. 기후학자들이 인류 활동으로 지구 평균온도가 급격히 상승하고 있다고 경고하지만 약 46억 년 역사를 통해 보면 지구는 다섯 번째 빙하 시대를 보내고 있다. 지구상에 대륙빙하가 발달하고 오랫동안 지속된 시기를 대빙하기라고 하는데 남극과 그린란드에 빙하가 발달되어 있으니 지구 입장에서 약 46억 년이라는 긴 시간 중 몇 번 없었던 빙하 시대를 지나오고 있는 셈이다. 그래서 지구가 뜨거워진다는 표현은 사실 틀린 것이다.

2007년 학부 3학년 1학기 수업 내용을 아직도 기억하고 있다. 지질학자였던 그분은 지질학적 관점에서 봤을 때 지금의 온도 상승은 별거 아니라고 하셨다. 왜냐하면 지구 입장에서 지구 온도가 오르락내리락하는 것은 당연하기 때문이다. 나는 그의 말을 노트에다 적어두고 오래도록 기억했다. 나중에 안 사실이지만 이 말은 기후 회의론자들도 자주 언급하는 것 중 하나였다. 게다가 약 5600만~2300만 년 전부터 지구 평균온도가 꾸준히 내려가고 있고 고생대 캄브리아기 이후의 지질시대인 현생이언Phnaerozoic Eon 중 가장 추운 시기를 보내고 있으니 기후 회의론자는 지구가 뜨거워지고 있다는 기후학자들의 말을 격렬히 부정한다. 당시 스승의 말이라면 철석같이 믿었던 나는 그 말이 맞다고 생각했다. 유식한 척하고 싶어 지질학적 관점이라는 단어를 언급하며 지금의 현상을 회의적으로 바라본 적도 있었다. 그러나 빙하에 기록된 80만 년 동안의 온도 자료를 보면 아주 위험한 생각이었다.

덴마크의 윌리 단스고르 박사가 1960년대 그린란드 캠프 센추리 기지에서 획득한 1387미터 길이의 빙하에서 물 동위원소를 복원했다. 이는 빙하에서 복원한 최초의 기후 자료다. 그는 세계 최초로 빙하를 이용해 과거 온도 변화를 추정했다. 빙하에 기록된 물 동위원소로 온도 변화를 추정할 수 있는 것은 물 동위원소와 물순환과의 관계성 때문이다.

물의 분자식은 H_2O로 수소H 두 개와 산소O 한 개가 결합해 만들어진 것이다. 그런데 같은 원소라도 중성자의 수에 따라 상대적으로 가벼운 원자와 상대적으로 무거운 원자로 나눌 수 있는데 이를 동위원소라고 한다. 물은 다양한 동위원소의 조합으로 만들어진다. 수소의 경우 수소의 원자량이 1인 원자와 2인 원자 두 가지로 나눌 수 있고 이를 화학식으로 ^1H, ^2H로 표현한다. 산소는 원자량에 따라 세 종류로 나눌 수 있고 이를 화학식으로 표현하면 ^{16}O, ^{17}O, ^{18}O가 된다. 산소 원소 중 지구상에 가장 많고 가벼운 산소 원자는 ^{16}O이고 ^{18}O는 상대적으로 양이 적고 무거운 산소 원자다. 이러한 동위원소들이 결합하여 물 분자를 만든다. 물은 분자식으로는 H_2O이지만 ^1H, ^2H, ^{16}O로 구성된 물이 있고 ^1H, ^1H, ^{18}O로 구성된 물도 있다. 이렇게 수소와 산소의 동위원소로 만들 수 있는 물 분자의 경우의 수를 계산해보면 총 아홉 가지다.

지구에 존재하는 물은 끊임없이 움직인다. 지구 내에서 물이 순환하는 과정을 물순환water cycle이라고 한다. 태양으로 데워진 바닷물의 일부가 수증기로 증발한다. 수증기가 계속 상승하여 고도가 높은 곳에 이르면 낮은 온도로 인해 구름으로 응축된다. 구름은 지구를 떠돌다 비나 눈의 형태로 다시 땅으로 떨어진다. 구름 중 일부는 극 지역이나 고산 지역까지 넘어가 눈의 형태로 땅으로 떨어져 그곳에서 수천 년 동안 퇴적되어 빙하를 형성한다. 이렇듯 전 지구적으로 물은 순환한다.

물순환 과정은 매우 복잡하지만 이를 단순화해보면 물 동위원소를 온도 변화 추정 자료로 활용하는 원리를 쉽게 이해할 수 있다. 저위도에서 증발한 수증기는 극 지역까지 이동한다. 이동하는 동안 수증기는 구름이 되었다가 비나 눈으로 내린다. 이때 무거운 원소가 가벼운 원소보다 더 쉽게 강수로 내리고 가벼운 원소는 극 지역까지 간 뒤 눈으로 내려 빙하를 만든다. 빙하에 남아 있는 무거운 원소의 비율은 수증기가 거쳐온 지점들의 온도를 반영한다. 따라서 빙하의 수소와 산소 동위원소비를 분석하면 당시 눈이 내린 지역의 온도 변화를 추정할 수 있다.

아주 단순하게 보면 지구의 평균기온이 낮았던 시기에 내린 눈에는 상대적으로 무거운 수소와 산소 동위원소의 양이 적고 평균기온이 높았던 시기에 내린 눈이나 비에는 상대적으로 무거운 수소와 산소 동위원소의 양이 많다. 따라서 무거운 산소와 가벼운 산소의 비율 계산을 통해 온도의 상대적인 변화를 추정할 수 있다. 물 동위원소비의 값은 온도 외에 습도 등 다른 인자로부터도 영향을 받는다. 그러나 80만 년이라는 긴 시간 단위로 데이터를 관찰한 다면 물 동위원소 자료를 단순하게 온도 변화를 나타내는 자료로 봐도 무방하다.

현재 인류가 사는 지질시대는 다섯 번째 빙하 시대로 약 250만 년 전부터 시작됐다. 그러나 남극에 기록된 80만 년 동안의 온도 기록을 살펴보면 지금의 빙하기는 심상치 않다. 빙하기라고 마냥 춥기만 한 것은 아니다. 겨울에도 아주 추운 날과 따뜻한 날이 교차하듯 빙하기에도 상대적으로 따뜻하며 빙하가 후퇴하는 시기와 상대적으로 춥고 빙하가 확장된 시기가 교차했다. 80만 년 동안 10만 년 주기로 여덟 번의 빙하기와 간빙기가 반복되었다. 빙하기는 9만 년 정도로 길고 간빙기는 빙하기 사이 1만 년 정도로 아주 짧게 유지됐다. 빙하기와 간빙기의 변동은 빙상의 성장과 관련이 있다. 장기간에 걸쳐 발생하는 빙상의 성장과 후퇴는 북반구 고위도 지역의 여름철 일사량에 영향을 많이 받는데 이 일사량은 천문학적인 영향이 가장 크다.

지구는 공전할 때 태양 주위를 회전하는데 이때 공전궤도가 타원형에서 원형으로 바뀌는 이심률의 변화가 발생한다. 이 이심률이 약 10만 년 주기로 움직이는데 지구와 태양의 거리가 변해 지구에 도달하는 연간 태양 복사에너지의 양에 영향을 줬다. 그 결과 빙하의 80만 년 동안의 기록을 보면 10만 년 주기로 기후변화가 발생했다. 북반구 고위도 지역의 일사량이 줄어들어 여름철 온도가 낮아지면 겨울철에 내린 눈이 여름에 녹지 않는다. 그러면 대륙빙하가 점점 성장한다. 빙하는 반사도가 높아 지구로 들어오는 에너지를 다시 지구 밖으로 보내버린다. 그 결과 지구의 온도는 더 낮아지고 빙하는 더 성장한다. 온도가 낮으니 대기 중 이산화탄소는 해양으로 더 쉽게 녹아들어가 대기 중 이산화탄소 농도는 낮아진다. 이로써 지구의 온도는 더더욱 낮아진다. 반대로 북반구 고위도 지역의 일사량이 증가해 빙하가 녹기 시작하면 지구의 온도는 상승해 간빙기가 시작한다.

빙하기와 간빙기의 평균온도 차이는 섭씨 4~5도 정도였다. 빙하기와 간빙기를 1000년 주기로 살펴보면 굉장히 역동적인 기후 사건이 관찰된다. 약 11만 5000년 전에 시작해 1만 1700년에 끝난 마지막 빙하기 동안 25번의 급격한 기후 변동이 그린란드 빙하 코어에 기록되어 있다. 빙하기 동안 약한 온난기와 약한 빙기가 약 1500년 주기로 25번 반복해서 발생한 것이다. 이는 빙하기에도 단기간의 온난화 경향이 있었음을 보여 준다. 이 현상은 그것을 발견한 윌리 단스고르 박사와 한스 외슈거의 이름을 따 단스고르-외슈거 순환Dansgaard-Oeschger cycle이라고 부른다. 긴 시간 스케일에서 안정적으로 보이는 간빙기도 자세히 1000년 단위로 분석하면 기후변동을 관찰할 수 있다. 9~13세기에 해당하는 중세 온난기와 이후 14~18세기까지 400년에 걸쳐 북반구 평균기온이 섭씨 0.6도 정도 하강한 소빙기가 대표적이다.

이렇게 기후는 언제나 오르락내리락하며 역동적으로 움직였다. 기후 회의론자들의 말대로 지구 온도가 상승하는 현상은 과거에도 있었으니 예외적이지 않다. 그러나 지금의 지구 온도 변화는 다른 것이, 지구 평균온도가 급격히 상승해 과거 80만 년 동안의 온도 최댓값을 훌쩍 넘어섰기 때문이다. 「IPCC 제6차 보고서」에 따르면 산업화 이전에 비해 지구 평균온도는 섭씨 1.09도 정도 상승했다. 지금과 같이 많은 탄소를 대기 중으로 배출했을 때 2021~2040년 중에 산업화 이전 대비 1.5도 상승하게 되고 2100년에는 약 4.4도 상승할 것으로 추정하고 있다. 이는 10만 년 주기로 약 4~5도씩 오르내리던 지구 평균온도 변화를 약 200년 만에 달성하는 셈이다.

지구는 현재 비정상적으로 긴 간빙기를 경험하고 있다.[9] 우리는 1만 1700년 전에 시작된 홀로세 간빙기를 살고 있다. 간빙기는 1만 년 정도 지속되다 끝나기에 이제는 빙하기가 시작돼야 하지만 간빙기가 계속되고 있다. 현재 여름 일사량은 최소 수준에 가까우나 새로운 빙하기가 시작될 예후가 없다. 새로운 빙하기의 시작점은 아한대 여름 일사량boreal summer insolation과 지구 이산화탄소 농도 주기를 통해 예측할 수 있다.[10] 한 연구 결과에 따르면 산업혁명이 시작되기 전에 빙하기가 시작됐어야 하는데 홀로세 후기에 인류 활동으로 인한 온실 기체 농도 상승과 지구의 낮은 궤도 이심률 때문에 빙하기의 시작이 계속 지연되는 듯하다고 한다. 인간이 유발한 기후변화로 지구 평균온도가 급격히 상승하고 간빙기에서 빙하기로 넘어갈 기미가 보이지 않는다. 인류가 태양 복사에너지로 발생하는 주기성을 깨버린 것이다.

지난 80만 년 동안 간빙기와 빙하기 간의 온도 차는 고작 약 4~5도밖에 되지 않는다. 그런데 2100년도에 지구 평균온도가 산업화 이전에 비해 약 4도 이상 상승하게 된다는 것은 과거 빙하기에서 간빙기로의 전환을 반복하던 시기와 전혀 다른 방식으로 지구가 움직인다는 뜻이다. 다시 말해 기존에 우세하던 현상이 깨지고 새로운 현상이 등장하는 것을 의미한다. 이러한 임계점을 티핑 포인트라고 한다.

티핑 포인트는 일종의 도미노 게임에 빗대어 설명할 수 있다. 첫 번째 도미노를 무너뜨리는 힘이 티핑 포인트에 해당한다. 첫 번째 도미노가 무너지면 뒤이어 다른 도미노도 연쇄적으로 무너지고 그렇게 한 번 넘어진 도미노는 스스로 일어설 수 없다. 마찬가지로 지구 평균온도가 티핑 포인트에 도달하면 더 이상 이전으로 되돌릴 수 없다. 지구 평균온도가 산업화 이전보다 1.5도 이상 상승하면 이 티핑 포인트에 도달할 것으로 추정된다. 우리는 이미 티핑 포인트에 아주 가까이 이른 셈이다. 티핑 포인트와 멀어지려면 전 세계가 단합하여 2050년대에 탄소 중립을 이뤄내야 한다. 탄소 중립이란 탄소 배출을 최대한으로 줄이고 배출한 탄소를 포집 기술로 흡수해 지구 대기로 배출하는 탄소의 순배출량을 0으로 만드는 것이다.

몸에 염증이 생기면 체온이 상승한다. 정상 체온에서 1도만 오르더라도 그때부터 몸 구석구석이 아프듯 지구도 똑같다. 온도가 점점 상승하면 지구가 아프다는 신호를 보낸다. 이것이 바로 산불, 가뭄, 홍수, 폭염과 같은 기상이변이다. 기상이변 현상이 발생하는 메커니즘을 간단히 정리할 수 있다. 온도가 상승하면 물의 증발이 지금보다 더 강하게 일어난다. 그러면 가뭄이 발생하고 극심한 가뭄으로 인해 산불의 빈도도 증가한다. 뿐만 아니라 증발한 수증기가 다른 지역에서 강수 형태로 내리게 되니 특정 지역에는 홍수가

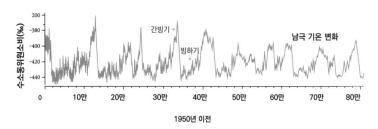

80만 년 동안의 남극 기온 변화
출처 Jouzel et al.,(2007)

발생하는 것이다. 따라서 지구 평균온도의 급격한 상승은 급격한 기상이변 현상을 동반한다. 이것은 가까운 곳에서 이미 관찰되기 시작했다. 2022년 7월 강남에서 발생한 폭우와 2022~2023년 겨울 전남 지역에서 발생한 극심한 가뭄이 그 예다. 대한민국은 작은 국가임에도 여러 지역에서 각기 다른 이상기후 현상이 일어나고 있다. 지구 평균온도가 더 상승한다면 이는 더 심각한 수준으로 나타날 것이다.

IPCC 보고서는 지구 평균기온이 산업화 이전 대비 섭씨 2도 이상 상승할 경우 최악의 결과를 가져올 수 있으므로 지구 온도가 1.5도 이상 상승하면 안 된다고 경고했다. 하지만 2020년 11월『네이처』가 IPCC 보고서에 참여한 과학자 92명을 상대로 실시한 설문조사에 따르면 60퍼센트 이상의 과학자들은 온실 기체 감축에 대한 정책 수립과 실행이 충분치 않아 2100년이 되면 지구 표면 온도는 산업화 이전 대비 3도 이상 증가할 것으로 보고 있다.

지구는 지금보다 3도 이상 증가하더라도 당연히 버텨낼 것이다. 지구에겐 이미 익숙한 경험이기 때문이다. 기후학자들이 지구 온도 상승이 위험하다고 경고하는 것은 이상기후를 맞닥뜨릴 인간의 생존 문제 때문이다. 아무리 과학기술이 발달하고 국가 시스템이 잘 마련된 선진국이라 해도 기후위기 앞에서 국가가 국민을 보호하지 못하는 순간을 우리는 이미 수차례 목격했다. 2021년 캐나다 서부에 이례적으로 발생한 폭염 때문에 캐나다 브리티시 컬럼비아 지역에 큰 산불이 발생했다. 이 때문에 많은 주민이 거처를 잃었을 뿐만 아니라 물류 배송까지 끊겨 큰 어려움을 겪었다. 극한 기후 앞에서는 모두가 무릎을 꿇어야 했다.

지구의 온도가 꾸준히 상승하고 있다. 더 이상 지구가 뜨거워지지 않기 위해서는 전 지구인의 연대가 필요하다. 산업혁명 이후 인류에 의해 온실 기체 농도가 상승한 것처럼 반대로 전 세계인의 힘을 모으면 온실 기체 배출을 줄일 수 있다. 우리가 지금 버는 돈과 시간의 일부를 떼어 노후를 준비하듯 우리 모두 미래를 위해서 오늘의 시간 일부를 지구를 위해 사용해야 한다. 거창한 노력보다는 아주 작은 일부터 해보면 좋다. 아무도 없는 방에 켜져 있는 전구의 불을 끄거나 하루쯤은 대중교통으로 출근하고 비행기 대신 기차나 버스를 타고 여행해보는 것이다.

개인의 힘은 생각보다 위대하다. 전 지구인이 함께 노력하면 20퍼센트의 온실 기체 감축 효과를 발휘할 수 있다. 그뿐만 아니라 개인의 행동이 바뀌면 기업의 마케팅 방향이 바뀌고 산업의 구조가 바뀌면 보수적인 국가 정책 또한 바꿀 수 있다. 전 지구인의 티끌과 같은 노력을 모으면 태산이 될 수 있다. 그러면 우리 지구가 뜨거워지는 것을 막을 수 있다. 지구의 미래는 우리 손에 달렸다.

인류가 지구에 무해했던 적이 있다

✦ ✦ ✦

인류세anthropocene는 비공식 용어다. 인류를 의미하는 그리스 어 'anthropos'와 시대라는 의미의 'cene'의 결합으로 만들어진 이 용어는 아직 학계에서 공식적으로 인정받지 못했다. 대한민국 의 역사를 '고조선–삼국시대–고려–조선'으로 나누듯 약 46억 년 지 구의 역사를 대멸종과 같은 생물 종류의 변화나 부정합unconformity 과 같은 지층의 특징을 이용해 나눈 것을 지질시대라고 한다. 큰 단 위에서 작은 단위로 나열하면 누대eon, 대era, 기period, 세epoch, 절age 이 된다. 이는 국제지질과학연맹IUGS 산하 국제층서위원회ICS의 승 인을 통해 시대별 정의와 시기를 나눈 것이다. 국제층서위원회의 정의를 통해 오늘날의 지질시대를 명명하면 '현생누대–신생대–제 4기–홀로세–메갈라야절'이 된다. 인류세라는 단어는 새로운 '세'로 거론되고 있는데 만약 이 용어가 공식적인 지질시대로 인정받게 된다면 오늘날의 지질시대는 '현생누대-신생대-제4기-인류세'가 될 것이다.

2000년 네덜란드의 대기화학자 파울 크뤼천과 미국의 생물학자인 유진 스토머™가 국제 지구권-생물권 연구IGBP에 쓴 짧은 기고문에서 인류세라는 용어를 공식적으로 처음 사용했다. 30만 ~40만 년 전에 등장한 현생인류가 약 1만 1700년 전에 시작된 간빙기가 시작되면서 본격적으로 영향을 끼치기 시작했다. 인류는 구석기에서 신석기로 들어서면서 적극적으로 도구를 사용했다. 이후 대략 7000년 전 인류는 문명을 세우고 농경생활을 시작했고 시간이 지나 1800년대에 이르면 산업혁명이라는 대대적인 발전을 이루어냈다. 산업혁명이 이후 대량생산이 가능해지면서 대규모 지구 파괴가 이루어지기 시작했다. 시멘트를 공정하는 과정과 석탄을 태우는 과정에서 대량의 이산화탄소가 대기 중으로 나왔다. 무차별적인 벌목으로 나무가 사라졌으니 식생이 소모하는 대기 중의 이산화탄소가 줄어드는 것도 당연했다. 그 결과 대기 중 이산화탄소의 양은 점점 증가했고 지구 평균온도도 상승했으며 그에 따라 해양이 산성화되기까지 했다. 활발한 인류 활동이 지구를 새로운 역사에 들어서도록 만든 것이다. 이러한 배경에서 인류세라는 새로운 용어가 등장했다.

인류세는 지구과학적 개념에 정치·인문·사회·경제 등 다양한 개념을 포함한 단어다. 인류세가 지질학계에서 공식적인 지질시대로 인정받기 위해서는 7개의 조건이 필요하다. 「인류세의 시점과 의미」[12]에서 정리한 조건은 다음과 같다.

1) 전 지구적 사건에 대한 표식marker이 존재할 것

2) 이를 확인할 수 있는 보조적 모식층stratotypes이 있을 것

3) 지역적·지구적 대비가 가능할 것

4) 표식 상하부로 적당한 두께의 연속적 퇴적층이 존재할 것

5) 위경도, 높이, 깊이 등 정확한 위치를 알 수 있을 것

6) 접근성이 용이할 것

7) 보전성이 좋을 것

인류세는 아직 조건을 모두 충족하는 지층을 찾지 못해 지질시대로 인정받기에는 무리가 있다. 특히 '전 지구적으로 동시에 발생'한 흔적을 찾기 쉽지 않고 인류세의 시작점을 언제로 볼지에 대한 합의도 이루어지지 않았다.

새로운 지질시대를 결정하면 이전 지질시대와 새로운 지질시

대 경계에 황금 못golden spike을 박게 된다. 인류세가 만약 새로운 지질시대로 인정받으면 어느 시기에 황금 못을 박을 수 있을까? 그러려면 인류가 지구에 막강한 영향을 끼친 시기를 선정해야 하는데 과연 언제부터 인위적인 영향을 주게 되었는지는 불분명하다. 현생인류는 약 40만~30만 년 전에 등장했으니 80만 년의 빙하 코어 데이터 중 절반은 인류에게 영향을 받은 셈이나 40만~30만 년 내내 인류가 지구의 기후나 환경에 영향을 주진 않았다. 40만 년의 현생인류 역사 중 대부분 현생인류는 지구에 무해한 존재였다. 그러나 자연과 더불어 사는 것 대신에 자연을 개척하고 지구의 자원을 활용해 편의를 취하기 시작하면서 지구는 인류 때문에 고통을 받기 시작했다. 인류세의 시작으로 신대륙 발견, 20세기 인류 대폭발, 핵무기 실험 등 다양한 시기가 거론되고 있다. 그러나 2003년 미국 기후학자 윌리엄 루디먼이 훨씬 더 오래전부터 인류의 영향을 받았다고 주장하며 인류초기개입설the early anthropogenic hypothesis을 설명하는 논문을 저널 『기후변화』에 발표했다.

그는 약 8000년 전부터 지구가 인류의 영향을 받았다고 주장했다. 지구 대기의 온실 기체 농도가 농경 활동이 시작된 시기부터 자연스럽지 않게 상승한 것으로 판단했다. 그의 주장은 다른 연구자들이 제안한 인류세 시작점보다 몇천 년 더 빠른 시기다. 현재 간빙기의 현상을 분석하기 위해서는 지금과 가장 시기적으로 가깝고 기후 조건이 유사한 때를 비교해야 한다. 루디먼은 논문에서 지난 80만 년 중 네 번의 해빙기 동안 얼음 부피가 최소로 줄어들기 직전에 이산화탄소 농도가 급격히 상승해 최대가 되는 것을 관찰했다. 그리고 해빙기에 상승한 이산화탄소 농도는 1만 년의 간빙기 동안 꾸준히 감소했다.

1만 1700년 전에 오늘날의 간빙기가 시작됐다. 역사적으로 보면 구석기에서 신석기로 이동한 시기이고 지질시대로 보면 홀로세에 해당한다. 홀로세의 이산화탄소 농도 변화는 이전 간빙기에서 관찰되는 농도 변화와 양상이 사뭇 다르다. 데이터를 살펴보면 간빙기가 시작되는 1만 1700년 전부터 1만1000년 전까지 이산화탄소 농도는 8피피엠 증가하다 1만 1000년에서 7000년 전까지 10피피엠 정도 하강한다. 그다음 7000년 전부터 18세기 후반에 있었던 산업혁명 전까지 20피피엠 상승한다.

루디먼은 이전 간빙기의 변화 양상처럼 이번 간빙기에도 이산화탄소 농도가 하강해야 하는데, 예상과 다르게 이산화탄소 농도가 8000년 전부터 꾸준히 상승하는 것을 확인했다. 만약 이전 간빙기처럼 이산화탄소 농도가 하강할 것으로 예상했을 때 계산한 예상 수치와 실제 이산화탄소 농도는 2000년 기준으로 약 40피피엠이나 차이가 난다. 40피피엠이란 수치는 산업혁명 이후 증가한 이산화탄소 농도와 비교해보면 아주 큰 양은 아니지만 결코 무시할 수 없는 수치다. 이와 유사하게 대기 중 메탄 농도를 관찰해보면 약 5000년 전부터 이상 변화가 감지된다. 이 때문에 루디먼은 8000년 전에 시작한 산림 벌채와 5000년 전에 시작한 관개농업을 포함하여 유라시아 지역이 초기 농업 단계로 들어서면서 본격적으로 인류 활동이 대기 중 이산화탄소와 메탄의 농도에 영향을 미쳤다고 설명한다.

루디먼의 말대로 정말 산림 벌채와 벼 관개농업이 육상생물권에 영향을 줘 대기 중 온실 기체 농도가 상승한 것일까? 답은 이산화탄소의 탄소 동위원소를 복원해보면 알 수 있다.[13] 특정 탄소 저장소의 영향으로 이산화탄소 농도가 변하면 이산화탄소에도 흔적이 남는다. 탄소는 상대적으로 가벼운 탄소인 ^{12}C와 무거운 탄소인 ^{13}C로 나눌 수 있다. 이를 탄소 동위원소라고 한다. 대기 중 이산화탄소 농도는 대기와 육상생물권, 대기와 해양생물권이 반응한 결과인데 육상생물권이나 해양생물권을 구성하는 탄소 동위원소의 값은 다르다. 그래서 대기 중 이산화탄소의 탄소 동위원소 비를 분석하면 무엇의 영향을 많이 받았는지 알 수 있다. 만약 토지 이용의 증가로 육상생물권에서 이산화탄소가 많이 배출됐다면 7000년 전

탄소 동위원소 비에서가 급격한 변화를 보여야 한다. 하지만 해당 시기의 탄소 동위원소 데이터에서 명확한 변화를 관찰할 수 없다. 그러므로 토지 이용의 증가만으로 간빙기의 이산화탄소 농도가 상승한 이유를 모두 설명하기엔 무리가 있다.

인류의 영향이 대기 중 이산화탄소 농도에 영향을 미치기 시작한 시점이 20세기 중반인지 아니면 8000년 전인지 정의 내리기는 쉽지 않다. 그리고 여전히 인류세는 논란의 중심에 선 비과학적 단어로 남아 있다. 인류의 영향으로 10만 년의 주기성이 깨지고 이산화탄소 농도와 지구 평균온도는 급격히 상승하고 있다. 이런 현상이 지속되다 티핑 포인트를 넘어서 산불, 가뭄, 홍수와 같은 기후 사건이 더 빈번히 발생하면 인류의 생존은 위협받을 것이다. 우리가 지구에게 파괴적인 존재였던 것처럼 지구도 우리에게 위협적인 존재가 될 것이다. 40만 년의 인류 역사를 살펴보면 인류가 언제나 지구의 적인 것은 아니었다. 때로는 지구에 무해한 존재이기도 했다. 인류가 다시 무해한 존재가 되는 일도 결국은 인류에게 달렸다. 탄소 중립으로 인류는 다시 지구의 착한 친구가 될 수 있다.

핵실험을 하자
빙하가 우리에게 건넨 말

$$\bigstar \; \bigstar \; \bigstar$$

공부를 체계적으로 하면 좋겠지만 대학원에 가고서는 그러기가 쉽지 않았다. 학부 때는 수업 내용을 그대로 소화해 내 것으로 만들면 되나 대학원에 들어가 논문 쓰는 일은 일반적인 공부와는 조금 다르다. 논문을 쓰기 위해 다른 논문을 읽고 조각난 지식을 모아 퍼즐을 맞추듯이 지식을 늘려나간다. 그래서 내가 작성한 논문의 내용은 깊이 알지만 연구 주제가 속한 상위 분야인 고기후나 빙하학의 내용을 전부 알지는 못한다. 연구하면 할수록 모르는 지식이 너무 많으니 내 연구와 관련된 내용을 선택적으로 소화할 수밖에 없다. 사소한 궁금증의 해소는 매번 다음으로 미뤄진다. 오랜 기간 나의 가장 큰 궁금증은 바로 고기후 연령 단위인 BP의 의미였다.

BP의 기준은 1950년이다. 왜 그렇게 기준이 정해졌을까?

그 이유는 방사성탄소연대측정법radiocarbon dating과 관련이 있다. 자연에 존재하는 탄소 동위원소는 ^{12}C, ^{13}C, ^{14}C가 있다. 그중에서도 ^{14}C는 방사성동위원소라 일정 시간이 지나면 질소^{14}N로 붕괴된다. ^{14}C가 ^{14}N으로 붕괴될 때 방사능이 절반으로 감소하는 데 5730년이 소요되고 이를 반감기라 한다. 반감기를 이용하면 생물이 사망한 연대를 측정할 수 있다. 1950년을 기준점으로 선택한 이유는 1949년 12월이 최초의 방사성탄소가 발표된 날짜였기 때문이다. 더불어 1950년대부터 대규모 핵무기 실험으로 어마어마한 양의 ^{14}C가 대기권에 방출되어 농도는 두 배로 훌쩍 뛰었다. 이를 폭탄 영향이라고 한다. 1945년 7월 16일의 트리니티 핵실험을 시작으로 몇 차례의 대규모 핵실험 때문에 지구 대기는 방사성 물질로 오염되기 시작했다. 이에 따라 자연적인 ^{14}C가 교란돼, 이후 시점을 기준으로 사용하는 것이 부정확해졌기 때문이다.

암호명 맨해튼 프로젝트. 이 비밀 코드는 핵폭탄을 개발하고 제조하는 프로젝트명이다. 나치가 핵무기를 개발한다는 소식에 이뤄진 이 프로젝트는 1942년에 시작해 1946년에 종료됐다. 로버트 오펜하이머가 지휘하고 리처드 파인만, 헤럴드 유리 등 유명 과학자들이 참여한 이 프로젝트는 연구자와 기술자가 로스앨러모스에 모여 진행했고, 참여한 것으로 추정되는 인원은 무려 약 13만 명으로 아주 거대한 규모였다.

처음에는 우라늄으로 핵무기를 개발하려고 시도했다. 핵무기에 사용되는 우라늄은 우라늄-235로 자연계에 존재하는 우라늄 중 비율이 0.7퍼센트라 분리가 매우 어려워 정제하는 데 많은 시간이 걸린다. 프로젝트를 마감할 시점은 다가오는데 필요한 만큼 우라늄-235를 정제하기에는 시간이 촉박했다. 이 때문에 상대적으로 정제하기 편한 핵 물질을 추가하는데 바로 플루토늄이다. 지구 상의 우라늄 중 99.3퍼센트나 될 정도로 많은 양을 차지하는 우라늄-238이 원자로에서 중성자를 맞으면 플루토늄-239가 된다. 플루토늄-239는 우라늄-235에 비해 상대적으로 생산하기 쉽다. 그래서 우라늄-235와 플루토늄-239를 이용해 핵무기를 만들었고 첫 실험을 1945년 7월 16일에 진행했는데, 이것이 바로 트리니티 실험이다.

오펜하이머는 핵무기 개발에만 몰두한 채 성공 이후를 전혀 고려하지 못했다. 핵실험을 통해 핵무기 개발이 성공했음을 확인한 후 곧바로 실제 전쟁에 사용했다. 이것이 바로 1945년 히로시마에 투하된 리틀보이다. 이 핵무기로 히로시마 인구의 3분의 2가 희생됐다. 오펜하이머는 핵무기가 일본에 투하되어 많은 사람이 희생되는 모습을 보고 자신의 좁은 시선을 후회하게 된다. 전쟁의 참상을 보고 그는 말한다. "나는 이제 죽음이요, 세상의 파괴자가 되었다." 그러나 그의 후회는 너무 늦었다.

첫 번째 핵무기 실험이 성공한 이후 원자핵분열 반응처럼 핵무기 실험은 연쇄적으로 이루어졌다. 1945년부터 1980년까지 543차례의 핵실험이 전 세계적으로 진행됐다. 543개의 실험은 3단계로 나눌 수 있다. 첫 번째 단계는 1952년부터 1959년까지 미국에 의해 태평양 저위도 지역과 네바다에서 진행된 실험이다. 적도 태평양에서 이루어졌던 중요한 실험으로는 1952년 10월 1만 400킬로톤 규모의 아이비 마이크 테스트와 1954년 2월 1만 5000킬로톤 규모의 캐슬 브라보 테스트가 있다. 1959년부터 1961년까지는 미국과 소련이 합의해 중단되었다가 다시 소련 주도로 1961년부터 1963년까지 두 번째 단계의 핵실험이 활발히 진행됐다. 소련은 러시아, 북극, 노바야제믈랴 제도, 카자흐스탄, 세미팔라틴스크와 같은 주요 실험장에서 핵실험을 진행했다. 가장 컸던 것은 1961년 10월에 진행된 5만 킬로톤 규모의 차르 봄바 테스트였다. 그 이후 다시 1963년에 미국과 소련이 합의해 지상에서의 핵실험은 중단되었다. 그러나 이전에 비해 작은 규모이지만 1980년까지 프랑스와 중국을 중심으로 한 핵실험이 있었다. 이 시기에 이루어진 핵실험이 세 번째 단계에 해당한다.

핵무기 실험의 결과로 플루토늄-239가 대기를 통해 전 지구로 퍼져나갔다. 영화 「오펜하이머」에 나오는 실험 장면을 보면 핵무기가 폭발하자 버섯 모양의 먼지구름이 피어오른다. 이를 버섯구름이라고 부르는데, 버섯구름은 핵무기 실험 규모에 따라 대기권에 도달하는 높이가 결정된다. 지구 대기권은 특성에 따라 대류권, 성층권, 중간권, 열권으로 나눌 수 있다. 규모가 작은 핵실험에서 발생한 버섯구름은 높이 약 10킬로미터인 대류권 안에서 퍼진다. 그러나 규모가 500킬로톤 이상인 핵실험에서 발생한 거대한 버섯구름은 지구 대류권을 뛰어넘어 높이가 약 10~40킬로미터인 성층권까지 도달한다. 에베레스트산의 높이가 약 8849미터니 이 버섯구름의 높이가 얼마나 대단한지 알 수 있다.

핵폭발로 플루토늄과 우라늄이 대류권뿐만 아니라 성층권에까지 퍼졌다. 보통 자연계에서 성층권까지 물질이 도달하려면 화산과 같은 강력한 에너지원이 있어야 하니 핵실험은 화산활동에 맞먹는 인위적인 사건인 셈이다. 핵실험으로 발생한 물질이 대류권에 머물면 약 6개월 안에 다 확산된다. 그러나 성층권은 매우 안정적이라 물질이 성층권까지 도달하면 확산되지 못하고 갇힌다. 그 결과 핵실험으로 발생된 물질이 2~5년 정도 성층권에 갇혀 있다가 성층권이 불안정해지면 다시 대기권으로 넘어와 전 지구적으로 확산된다.

핵무기 실험으로 발생한 물질이 대류권과 성층권을 떠돌다 땅으로 떨어져 내리는데 이를 낙진이라고 한다. 플루토늄 낙진은 극지역 빙하에도 기록되어 있다. 심지어 핵실험의 90퍼센트가 북반구에서 진행되었고 10퍼센트 정도만이 남반구에서 진행되었음에도 불구하고 남극 빙하 코어에도 핵실험의 흔적은 그대로 남아 있다.

남극 빙하 코어와 그린란드 빙하 코어에서 복원한 플루토늄-239 농도 기록을 살펴보면 1952년에서 1980년 사이에 있었던 실험에 의해 플루토늄-239 농도가 확연히 변화하는 것을 확인할 수 있다. 두 극 지역 빙하 코어에서 플루토늄-239 농도는 1954~1955년과 1964년에 두 번의 큰 정점을 보인다. 다만 차이점이 있다면 남극은 상대적으로 북반구 저위도에서 진행한 실험과 위치상 가까워 1954~1955년의 정점에 찍힌 농도가 가장 높고 반대로 그린란드는 러시아 북극과 가까워 1964년의 농도가 가장 높다는 것이다. 이를 통해 알 수 있는 것은 1952년에서 1980년까지 진행되었던 핵실험은 절대 국지적인 사건이 아니라 전 지구의 대기를 오염시킨 거대한 사건이라는 것이다. 그래서 인류세의 시작점으로 핵무기가 개발된 1945년이나 플루토늄-239 농도가 가장 높은 1964년이 거론되기도 한다.

　인간은 위대했다. 인간은 세상에 대한 탐욕과 호기심을 채워나가는 동안 지구를 다양한 방식으로 더럽혔다. 지구상에서 자연적으로 존재하는 원자 중 원자번호가 가장 높은 것이 우라늄이다. 우라늄에서 우리는 인위적 원자인 플루토늄을 만들어 핵무기를 개발했고 전 지구를 파괴했다. 이제는 과학기술이 선한 영향력을 발휘하길 기대해야 하는 시점이다.

캐나다 로키산맥에 오르다

✦ ✦ ✦

빙하학자로 살면서 누릴 수 있는 가장 큰 혜택은 인간의 접근이 제한된 곳까지 들어가볼 수 있다는 것이다. 빙하 시료는 눈이 녹지 않고 연속적으로 잘 형성된 그린란드, 남극 그리고 고산에서 얻을 수 있다. 일반 여행객이라면 들어갈 수 없는 곳을 연구 수행을 명분으로 정부 기관의 허가를 받아 무한히 들어갈 수 있다. 나는 캐나다에서 박사후연구원으로 일하는 동안 눈 시료를 확보하기 위해 캐나다 로키산맥에 위치한 컬럼비아 빙원에 갔다.

캐나다의 대표적인 관광지인 이곳은 캐나다 로키산맥에서 가장 큰 빙원이다. 서울의 절반 크기로 면적이 325제곱킬로미터고 빙상의 두께는 약 100~365미터다. 마지막 빙하기인 약 2만 4000~1만 2000년 전에 형성됐는데 간빙기에 접어들며 따뜻한 기후로 빙하가 일부 후퇴하다가 인류 활동에 따른 기후변화로 급속히 녹기 시작했다. 2100년이면 이 지역의 빙하가 2005년 대비 70퍼센트 이상 사라질 거라고 예상된다. 더 큰 문제는 자연에서 분해되지 않는 잔류성 유기 오염 물질Persistent Organic Pollutants, POPs이 빙원에 축적되고 있다는 점이다. 대표적으로 유기염소 계열의 살충제인 DDT와 화장품, 패스트푸드 포장지 등에 사용되는 과불화화합물PFAS, Per- and Polyfluoroalkyl Substances이 있다. 과불화화합물은 강력한 분자 결합으로 인해 자연에서 완전히 분해되는 데 수백 년이 걸리며, 이러한 특성 때문에 흔히 영원한 화학물질Forever Chemicals로 불린다. 이 물질은 인체에 면역 체계 교란과 호르몬 불균형을 초래할 우려가 있다.

오염원과 멀리 떨어져 있는 로키산맥의 얼음에서 이러한 살충제가 발견되는 것은 이미 논문으로 밝혀졌다. DDT는 1960년대 미국과 캐나다에서 널리 사용되다가 위험성 때문에 1973년 이후부터 금지되었다.[14] 캐나다 서부에 위치한 로키산맥의 스노 돔에서 복원한 DDT 농도 데이터를 보면 1960년까지 증가하다가 이후 하강한다. 더불어 캐나다 로키산맥은 산업 활동과 농경 활동이 다른 도시에 비해 적은데도 잔류성 오염 물질의 농도는 고도가 높아질수록 증가했다.[15]

사람이 살지 않는 고지대에 아이러니하게도 잔류성 오염 물질이 존재한다. 이는 풍향 및 온도와 관련이 있다. 낮 동안 저지대가 데워지면서 바람은 산의 경사면 위로 상승한다. 그 결과 낮 동안 저지대에서 고지대로 바람이 분다. 이때 바람의 이동 범위는 수백 킬로미터라 도시에서 생성된 유기 오염 물질이 함께 고도가 높은 곳으로 이동한다. 반대로 밤에는 고지대에서 저지대로 바람이 부는데 고지대의 낮은 온도가 휘발성이 강한 유기 오염 물질이 증발하는 것을 막는다. 이런 이유로 고지대에서 저지대로 바람이 불어도 유기물질은 저지대로 이동하지 못한다. 그와 더불어 강수량은 고도에 따라 증가한다. 저지대에 있던 유기 오염 물질이 증발하여 경사진 바람을 타고 더 높은 곳으로 운반된 후 비나 눈에 의해 고지대에 쌓인다. 문제는 이 빙하가 캐나다 서부의 식수 공급원이라는 것이다. 기후변화로 빙하가 녹으면서 유기 오염 물질이 함께 녹아 나와 캐나다인의 식수와 그 주변 생태계를 위협하고 있다.

유기 오염 물질이 얼마나 축적되어 있는지를 파악하기 위해 우리는 눈 시료를 얻으러 컬럼비아 빙원으로 향했다. 우리가 최종 도달할 곳은 스노 돔으로 해발고도 3500미터에 있다. 차량이나 도보로는 한계가 있어 평소 관광용으로 이용하는 헬기를 타고 현장까지 이동했다. 현장 활동에서는 무엇보다 안전 확보가 가장 중요

로키산맥에 위치한 컬럼비아 빙원 현장으로 가는 모습.

하다. 그래서 겨울철 중 날씨가 매우 화창하고 안정적인 날을 선정했다. 게다가 겨울철에는 해가 떠 있는 시간이 짧으니 시간 확보를 위해 우리는 일출 전부터 준비했다. 안전 수칙을 듣고 현장에서 쓸 장비를 모두 헬기에 넣었다. 그러고는 매서운 추위에도 끄떡없을 만큼 따뜻한 옷을 겹쳐 입었다. 출발 전 스노 돔의 날씨를 다시 확인하고 우리 모두 헬기에 탔다.

고산은 날씨가 자주 바뀌고 바람이 매우 세게 분다. 그런 극한 환경에 작은 헬기에만 의지해 간다고 생각하니 두려웠다. 그러나 헬기에 타 영화에서 보던 헤드셋을 쓰고 거기 달린 마이크로 의사소통을 하니 마치 영화의 등장인물이 된 것 같았다. 그러자 순식간에 두려움은 즐거움으로 바뀌었다. 모두 자리를 잡은 후 헬기의 시동이 켜졌다. 얼마 후 헬기가 사뿐하게 떠 공중에서 몇 번 돌더니 산을 향해 날기 시작했다. 마치 하늘을 나는 자동차를 탄 것 같았다. 뒤뚱거리며 산 위를 날았다. 사람의 영향을 적게 받은 곳을 찾으러 우리는 관광지보다 더 높은 곳을 향해 올라갔다. 한참을 오르자 헬기 아래로 로키산맥이 보였다. 산은 텅 비어 보였고 산을 뒤덮은 눈들이 바람에 휘날리고 있었다. 귓가에는 오직 프로펠러 소리와 바람 소리만 들렸다. 나는 헬기 안에서 겨울 동안 쉼 없이 쌓였을 숫눈을 바라보았다. 강한 바람에 눈송이가 산기슭 아래로 우르르 흩어

지자 마치 바람이 보이는 것 같았다. 아주 고요한 산에 야생 동물이 잠시 나타났다 사라졌다.

논문을 읽을 때마다 빙하가 형성되는 과정을 상상해봤는데 이제 드디어 고산에 눈이 쌓이는 과정을 직접 보고 있었다. 갓 내린 눈이 바람에 휘날려 낮은 곳으로 흘러내렸다. 이렇게 강한 바람에도 꿋꿋이 살아남은 눈송이가 계속 쌓여 빙하가 된다. 눈이 쌓이는 동안 눈송이 사이를 떠돌던 에어로졸도 함께 쌓인다. 주변에 오염원도 없고 사람이 드나들지 않는 이 높은 산에 우리 눈에 보이지 않는 유기물질도 함께 쌓였을 것이다.

우리는 마침내 연구 지역에 도착했다. 가만히 서 있을 수 없을 정도로 강한 바람이 강타했다. 스노 돔에 정차하자 헬기가 흔들렸다. 우리는 안전을 위해 로프로 헬기와 서로의 몸을 이었다. 혹시나 누군가 바람에 떠내려가거나 눈으로 확인할 수 없는 크레바스에 빠질 위험에 대비하기 위함이다. 그렇게 조심스레 최종 연구지까지 걸어갔다. 샘플이 헬기에 의해 오염될 수 있으니 최대한 멀리 떨어진 곳까지 걸어갔다. 플라스틱 삽으로 눈을 파 준비한 샘플 통에 담기 시작했다. 바람이 강한 고산에 쌓인 것이라 평소에 보는 눈과 달랐다. 표층에 쌓인 눈인데도 아주 딱딱했다.

스노 돔은 내가 팀에 합류하기 전 연구소에서 10미터 길이의 빙하 샘플을 얻은 곳이었다. 그때 확보한 빙하 시료와 더불어 내가 채취한 눈 시료를 함께 조사해 컬럼비아 빙원에 기록된 오염 물질에 대한 정보를 다방면으로 얻을 예정이었다. 현장에서 돌아오자마자 눈 시료는 두고 우선 빙하를 이용해 사전 연구를 진행하기로 했다. 빙하 연구에서 가장 먼저 하는 일은 빙하의 연령을 측정하는 것이다. 보통 계절적 변화를 보여주는 물 동위원소나 주요 이온을 이용해 나이를 추정한다.

3센티미터 간격으로 샘플을 잘라 산소 동위원소와 주요 이온 농도를 측정한 후 실험 결과를 쭉 훑어보았다. 빙하를 시추한 시기를 0미터로 잡고 아래로 내려갔다. 아래로 가면서 데이터 값이 곡선을 그리며 왔다 갔다 하는 변화를 보였다. 나는 계절적인 변화를 추정해보려고 그래프의 높낮이를 세밀하게 관찰하고 있었다. 그러다 갑자기 4.2미터부터 마치 자로 그은 듯 아무런 변화가 없었다. 변화가 없는 그래프 선을 눈으로 따라가다보니 의학 드라마에서 본 심전도 모니터가 생각이 났다. 아래위로 곡선을 그리며 움직이다 '띠' 하는 소리와 함께 일직선으로 그어진 심전도 모니터 말이다. 그 듣기 싫은 기계음이 내 그래프에도 울려 퍼지는 것 같았다. 계절적 변화의 흔적이 지워졌다는 것은 얼음 상태로 존재해야 하는 빙하가 기온 상승으로 녹아 섞여버려 데이터 값이 균질해졌음을 의미한다.

빙하가 따뜻한 계절에 녹았다 다시 얼었으니 이 빙하에 유기물질의 농도를 측정하는 것은 의미가 없어졌다. 빙하가 녹으면서 빙하가 형성될 당시 함께 퇴적된 유기물질이 다른 빙하층과 섞여 농도를 시간에 따라 연속적으로 복원하는 것은 불가능해졌다. 기후변화로 인해 내 연구는 실패했다. 2100년이면 이 지역의 빙하가 대부분 사라진다는 논문을 읽었음에도 나는 연구에 성공할 수 있을 거라고 믿어 의심치 않았다. 그래프를 함께 본 상사는 "이것이 과학이지" 하며 과학자에게 실패는 종종 있는 일이라면서 당황하지 않았다. 그러고는 프로젝트의 종료를 선언했다. 그 선언은 실적으로 실력을 증명해야 하는 비정규직 연구자인 내게는 일종의 사망 선고나 다름없었다.

이미 전 세계의 많은 빙하가 녹기 시작했다. 박사 학위 지도교수인 제롬 샤펠라 교수는 2015년부터 훼손되거나 사라질 위험에 처해 있는 빙하를 시추해 남극에 보관하는 아이스 메모리Ice Memory 프로젝트를 운영하고 있다. 급속한 지구 평균온도 상승으로 지구에서 한 번도 녹지 않고 연속해서 잘 형성된 빙하를 찾으려면 이제는 위도와 고도가 더 높은 곳으로 들어가야 한다.

과거 기후가 기록되어 있는 빙하가 기후변화로 사라지고 있다.

빙하학자에게는 조선왕조실록과 같은 역사책이 불타 없어지는 것과 같은 일이다. 더 이상 지구상에 연구하기에 적합한 빙하가 존재하지 않는다면 내 직업도 빙하와 함께 사라질지 모른다. 기후변화는 아주 가까운 곳에서 생각지 못한 다양한 방식으로 우리를 위협해오고 있다.

빙하학자, 그린란드 빙하를 만나다

여기는 그린란드, 빙하 앞에 있습니다

+ + +

나는 국가대표가 되었다. 2023년 6월 14일부터 4주간 덴마크 주도로 12개국이 참여하는 그린란드 국제 심부 빙하 시추 프로젝트East Greenland ice-core project, EGRIP에 한국 대표로 선발되었다. 나는 그동안 극 지역 빙하 시추 현장에 꼭 한번 다녀오고 싶었으나 간절한 마음과 다르게 다양한 이유로 현장에서 제외되었다. 12년이라는 긴 기다림 끝에 드디어 나에게도 기회가 주어졌다. 연구소에 입소한 뒤 현장에 가고 싶다고 여러 번 드러냈던 바람이 통했는지 많은 사람의 도움을 받고 갈 수 있게 되었다. 10여 년간 실험실에서만 연구하던 빙하를 밟고 다니고 그 위에서 생활할 생각을 하니 기분이 이상했다.

북반구에 위치한 그린란드 시추 현장은 여름에도 영하권에 들만큼 매우 추워 질 좋은 방한복을 꼭 챙겨가야 한다. 시추 현장에 간다는 것이 확정되고 나는 곧바로 현장에서 필요한 두꺼운 피복을 연구소에 신청해 빌렸다. 두꺼운 점퍼와 스키 바지를 비롯하여 다양한 종류를 준비했다. 행여 옷이 찢어져 못 입게 될 경우까지 대비해 여분의 옷도 준비했다. 피복을 받고 사무실 책상 위에 종류별로 올려두었다. 그중 상하의가 연결된 빨간색 피복을 입어보았다. 옷의 오른쪽 팔에 달린 태극 마크를 보니 마치 올림픽 경기에 참여하는 국가대표 선수가 된 것 같았다.

EGRIP는 그린란드에서 진행된 일곱 번째 심부 빙하 시추 프로젝트다. EGRIP의 연구 목표는 북위 75도 38.05분, 서경 36도 00.22분에 위치한 북동 그린란드 빙류Northeast Greenland Ice Stream, NEGI에서 2550미터 길이의 심부 빙하를 시추하는 것이다. 2550미터는 빙상의 표면에서 가장 아래에 위치한 기반암까지를 물리탐사 자료로 추정한 길이다. 얼음의 나이는 12만 년으로 추정됐다. 이 시기는 마지막 간빙기인 에미안 간빙기에 해당한다.

수백수천 년 이상 눈이 연속적으로 쌓여 형성된 얼음은 빙하 자체의 압력, 지구 중력, 지형 등의 영향으로 높은 곳에서 낮은 곳으로 이동한다. 그린란드 빙하는 일반적으로 내륙에서 해안을 따라 흐르다 가장자리에서 녹고 깨져 없어진다. 그래서 빙하가 무한히 자라지는 않고 기후 조건만 일정하다면 일정한 수준으로 두께를 유지한다. 이 프로젝트는 아주 빠른 속도로 1년에 57미터 이상 움직이는 그린란드 빙상의 북동쪽에 위치한 북동 그린란드 빙류에서 진행되었다. 그린란드에서 가장 큰 분지이자 그린란드 빙상의 약 12퍼센트에 달하는 니오할그피에르스피오렌, 사샤리에, 그리고 스토르스트뢰멘 빙하가 바다로 흘러 나가는 통로다. 그런데 기후변화로 이 지역의 빙하가 급격히 얇아지고 있다. 그 결과 이전에 예상했던 것보다 해수면 상승에 더 막대한 영향을 미칠 가능성이 높아 본 프로젝트에서 이 지역 빙하의 움직임을 관찰하기 위해 빙하를 시추하기로 한 것이다. 보통은 안정된 돔에서 시추하지만 빙하가 빨리 움직이는 곳에서 시추하는 것은 이 프로젝트가 처음이다. 2016년 7월 21일 첫 시추를 시작으로 2020년에 종료 예정이었으나 코로나19로 2020년과 2021년 두 차례 중단되었다가 2022년에 재개하여 2023년에 기반암까지 시추하는 것을 목표로 삼았다.

그래서 이번에 참여가 결정되고 운이 좋다면 빙하 시추의 끝을 알리는 기반암 시추를 보게 될 것이라고 주위에서 언질을 줬다. 현장에 처음 나가게 되었는데 역사적인 장면까지 볼 수도 있는 것이다. 보통 빙하 시추 전문가들도 기반암 시추를 보는 일은 극히 드물다고 했다.

나는 어느덧 30대 후반이 되어 웬만한 일에는 설레지 않았다. 새로운 국가에 가도 더는 새롭게 느껴지지 않았다. 처음 혼자서 떠난 호주 여행 이후로 틈틈이 여행을 다닌 데다 외국에서 살기 시작하면서 점점 타지를 낯설게 느끼지 않게 되었다. 게다가 새로운 출장지에 가더라도 거기에 아는 사람이 최소한 한 명은 있어서 적응하는 게 막막하지 않기도 했다. 죽는 날까지 이렇게 익숙함에 젖다가 인생이 끝날 줄 알았다.

그럼에도 프로젝트 참여가 결정된 이후로 여행의 두 번째 장이 열린 것 같았다. 지구의 역사가 좋아 지구에 처음 산소를 공급한 스트로마톨라이트 서식지를 보러 서호주로 혼자 떠난 여행이 첫 번째 장이라면 이제는 빙하학자가 되어 두 번째 장을 연 듯했다. 빙하학도로 12년을 살다가 진짜 빙하 현장으로 여행을 떠나게 되었다. 몸은 커지고 늙어버렸지만 마음만큼은 처음 호주로 떠난 그때의 내가 된 것 같았다.

그린란드 시추 현장으로의 출장이 확정되자 예상외로 준비할 것이 많았다. 캠프에서 생활하는 것은 고작 한 달인데 준비하는 데만 석 달 이상이 걸렸다. 맨 처음으로 극 지역에서 무사히 일할 수 있는 몸인지를 확인하기 위해 건강검진을 받았다. 몸에 아무런 이상이 없다는 것을 확인하고 시추 현장에 갈 수 있다는 캠프의 최종

확정을 받았다. 치과 치료도 받았다. 고도가 높은 곳에서 일하면 평상시 미미했던 치통조차 극심해질 수 있다는 조언 때문이었다. 이참에 그동안 방치한 사랑니도 뺐다.

팀원들의 도움을 받아 그린란드의 눈 시료를 담을 병을 산acid으로 세척해 준비했다. 실험 도구와 피복을 미리 그린란드로 보냈다. 준비를 마치자 갑자기 공포에 휩싸였다. 극 지역을 상상만 하다 막상 가게 되니 내가 잘해낼 수 있을지 겁이 나기 시작했다. 캠프는 해발고도 2700미터 이상에 위치해 있다. 극한의 날씨도 높은 고도도 처음이라 내 몸이 잘 견딜 수 있을지 걱정을 떨칠 수 없었다.

마치 세상 물정 모르는 사람이 학교라는 울타리를 벗어나기 시작한 고등학교 졸업생이 된 것 같았다. 나는 연구소라는 안정적인 울타리를 벗어나 극지에 가야 한다. 하루 종일 해가 지지 않는 곳에서 낯선 타국의 사람들에게 의지해 4주간 생활해야 하는 그 순간이 부담됐다. 크레바스에 빠져 죽으면 어떡하나, 추워서 4주 내내 감기에 걸리면 어쩌나 등등 고민이 꼬리에 꼬리를 물었다. 반사도가 90퍼센트인 빙상 위에서 써야 할 선글라스를 고르는 것조차 어려웠다. 어려움도 단계적으로 밟으면 마음의 부담이 덜어질 텐데 중간 단계 하나 없이 극한으로 몰리는 것 같았다.

2023년 6월 15일 전 세계 연구원이 그린란드 칸게를루수악에 모여 함께 그린란드 시추 현장에 들어가기로 했다. 우선 칸게를루수악으로 가려면 덴마크 코펜하겐에서 그린란드행 비행기를 타야 한다. 한국에서 코펜하겐 직항은 없기에 나는 파리를 경유했다. 6월 14일 한국에서 드디어 칸게를루수악으로 가는 첫 번째 비행기를 탔다. 비행기 안에서 나는 위험한 곳에 왜 간다고 자청했는지 후회됐다. 그러고 얼마 지나자 다른 고민이 시작됐다. 12년 동안 이 순간을 기다려왔는데 시추 현장에 못 들어가면 어쩌나 겁이 났다. 주변 사람들에게 극 지역에 들어간다고 밥도 많이 얻어먹었는데 못 가면 부끄러울 것도 같았다. 사람이 살지 않는 대자연으로 들어가는 일은 내 의지로만 되는 것이 아니다. 그린란드에 도착하고도 운이 나쁘면 시추 현장에 못 들어갈 수도 있다는 극단적인 생각이 오가는 동안 나는 파리를 거쳐 코펜하겐에 도착했다.

코펜하겐에서 하룻밤을 보내고 아침 비행기를 타려고 새벽 5시쯤 일어나 이메일을 확인했다. 항공사에서 보내온 이메일이 있어 열어보고는 온몸이 경직돼버렸다. 코펜하겐에서 칸게를루수악으로 가는 비행 일정이 내일로 변경된다는 소식이었다. 코펜하겐에 저녁 늦게 도착해 피곤한 나머지 비행기 체크인을 아직 못 했는데 내가 타려던 비행 편이 오버부킹되어 일정이 다음 날로 미루어진 줄 알고 온몸이 얼어붙었다.

뜻밖의 사건은 여행을 풍요롭게 한다. 그러나 혼자가 아니라 동료들과 함께 모여 떠나는 출장이니 내 실수로 제때 이동하지 못하게 된다면 그들은 나를 기다려줄 수 없다. 마음을 진정시키고 회사 이메일을 열자 캠프 리더인 도터가 참여자 전원에게 보낸 이메일이 와 있었다. 그린란드의 기상 악화로 모든 참여자의 비행 편이 취소되었다는 내용이었다. 비행기를 타기 전날 그린란드에 눈이 펑펑 내려서였다. 석 달 동안 준비하느라 긴장한 탓인지 그 이메일을 읽자마자 잠이 쏟아지기 시작했다. 호텔 로비에 내려가 숙박 기한을 연장하고 다시 방으로 들어가 잠을 잤다. 배가 고파 잠시 점심을 먹으러 나갔을 뿐 하루 종일 잠만 잤다.

이튿날 코펜하겐에서 칸게를루수악으로 넘어갔다. 비행기를 타러 가자 좌석이 비즈니스로 업그레이드되어 있었다. 기상 악화로 그동안의 피로를 풀었는데 좌석 업그레이드까지 되자 그린란드 대자연이 나를 환영해주는 것 같았다. 기쁜 마음에 비행기에서 노트북을 꺼내 다시는 느껴보지 못할 이 찰나의 기분을 글로 기록해 짧게 다듬은 후 SNS에 올렸다. 마음이 벅차오르기 시작했다. 나는 드디어 세상의 끝 극지로 간다.

네 시간 정도 지나자 비행기 실시간 카메라 화면이 하얀 구름으로 뒤덮였다. 또 몇 분 지나자 하얗게 눈으로 덮인 낯선 도시가 모니터에 나타났다. 비행기에서 내려 공항으로 나왔다. 공항의 큰 창을 통해 처음으로 칸게를루수악을 바라보았다. 날씨가 흐렸다. 6월인데도 눈이 내려 대부분이 눈으로 덮여 있었다. 흐린 날씨와 눈은 참 잘 어울렸다. 나는 중위도에서 북극권으로 왔을 뿐인데 여름에서 겨울로 계절을 거스르게 됐다. 디즈니 영화 「겨울왕국」의 엘사가 나와도 이상하지 않을 것 같은 풍경을 보는데 일면식도 없는 사람이 내게 아는 척을 해왔다. 캠프 지원 책임자 JP 교수였다. 공항에서 유일한 아시아인인 나를 보고 한국에서 온 프로젝트 참여자인 줄 알아챈 것이다. JP 교수를 만나 인사를 나누는데 2022년 9월 한 달 동안 코펜하겐 대학에서 데이터 측정을 함께 한 토머스 블루니에 교수도 저 멀리 보였다. 그가 다가와 다시 만나서 반갑다며 가볍게 안아주었다.

나는 차에 모든 짐을 싣고 EGRIP 칸게를루수악 임시 숙소로 갔다. 도착했다는 안도감이 들었다. 이제는 내 잘못으로 현장에 못 가는 일은 없을 것이다. 부엌으로 가니 나보다 먼저 온 중국인 참여자 난 교수가 아침을 먹고 있었다. 인사를 나누고 한국에서 가져온 머그잔으로 커피를 내려 마시며 그와 이야기를 나누었다. 그는 자기가 사는 동네에서는 한국 식재료의 인기가 높다며 가져온 한국소스를 보여주었다. 한참 그와 이야기를 나누고는 방에 들어가 장

시간 비행의 피로를 풀었다. 그러는 사이 오후 비행기로 칸게를루수악으로 넘어온 나머지 참여자들이 숙소에 도착했다.

비행기가 또 취소되었다. 이번에는 칸게를루수악에서 EGRIP 캠프로 넘어가는 비행기다. 칸게를루수악에서 시추 현장으로 들어가려면 뉴욕 공군 경비대 109사단이 운영하는 대형 LC-130 허큘리스 항공기를 타야 한다. 칸게를루수악의 기상은 비행기가 뜨기에 완벽했다. 문제는 캠프 쪽이었다. 시추 캠프지에 눈 폭풍이 불고 있던 것이다. 날씨를 걱정하는 동안 캠프에 있는 야닉이라는 친구가 영상 하나를 보내왔다. 눈 폭풍을 즐기며 걷는 모습이었다. 야닉은 비행 편이 취소되었지만 자기는 생애 최고의 경험을 하며 결항을 즐기고 있으니 걱정하지 말라고 했다. 대신에 나보고 숙소에만 있지 말고 주변 관광지를 돌아보라고 권유했다. 그래서 나는 다른 참여자와 함께 사무실에서 빌린 40년 된 수동 차를 몰고 근처를 둘러보기로 했다.

나는 덴마크 다큐멘터리 제작팀, 의사, 그리고 호주 박사과정 학생과 함께 칸게를루수악의 대표 관광지인 러셀 빙하에 갔다. 그린란드 빙하의 끝자락인 러셀 빙하에 도착해 빙하를 바라보며 서 있으니 기분이 묘했다. 나는 빙하로 들어가는 입구에 선 것이지만 빙하 입장에서는 생을 마감하는 곳이기 때문이다.

거대한 러셀 빙하 앞에서 일회용 흑백 사진기를 꺼내 사진을 찍었다. 빙하에서 흘러나오는 한기를 맞으며 내 인생에서 다시는 못 볼 풍경을 하염없이 보고 있었다. 그러다가 빙하에서 떨어져 나온 조각을 손으로 만져보았다. 이 공간을 온몸으로 기억하고 싶었다. 이때 갑자기 천둥 소리 같은 게 들리더니 빙상의 일부가 쾅 하고 떨어졌다. 깨지는 빙하를 직접 보자 EGRIP 사무실 앞에 붙은 사진 한 장이 생각났다. 2003년에 찍은 러셀 빙하의 모습이었다. 지금은 그때와 확연히 달랐다. 20년 전에 비해 빙하의 많은 부분이 사라져 있다.

기후변화의 흔적이었다. 약 65년 동안 대기 중 이산화탄소 농도가 100피피엠 이상 상승했고 2022년에 지구 평균온도는 산업혁명 이전에 비해 섭씨 1.09도(「IPCC 제6차 보고서」 기준) 정도 상승했다. 그러한 기후변화의 결과는 지구 곳곳에 나타나기 시작했다. 그중 하나가 그린란드 빙하의 후퇴다. 그린란드 빙상은 전 세계 담수의 약 8퍼센트에 해당한다. 지난 20년 동안 얼음 표면이 융해되고 바다로 배출되는 빙하가 증가해 그린란드 빙상의 크기는 줄고 있다. 그린란드 빙하의 후퇴 속도는 20년 전에 비해 5배 이상 증가한 것으로 추정된다. 만약 그린란드 빙하가 모두 녹는다면 지구 평균 해수면은 지금보다 7미터 정도 상승할 것이다.

흑백 사진기로 찍은 러셀 빙하.

나는 그린란드 빙하의 중심으로 들어가기 전 생을 마감하는 빙하를 직접 보고야 말았다. 만약 우리가 지금처럼 이산화탄소를 많이 배출한다면 그린란드 빙하는 더 빠르게 후퇴할 것이다. 이번 프로젝트를 통해 빙하가 얼마나 급속도로 녹고 있는지 알 수 있을까? 빙상을 감상하고 있는 참여자들의 얼굴을 찬찬히 살펴보았다. 모두 조용히 깨진 빙상을 응시하고만 있었다. 빙상의 후퇴 현장을 직접 목격했다는 신기함과 기후변화의 흔적을 직접 목격했다는 공포감이 동시에 몰려오기 시작했다. 수많은 감정에 사로잡힌 채 우리는 다시 임시 캠프로 돌아갔다.

그린란드 빙하 위에 서다

✦ ✦ ✦

늦은 오후가 되어서야 모두 임시 캠프로 돌아왔다. 캠프 측에서 내일 떠날 수 있을 것 같으니 준비하라고 알려줬다. 그렇지만 떠날 확률은 여전히 절반이었다. 그린란드의 기상 상태가 하루 중에도 워낙 여러 번 바뀌어서 확신할 수 없었다. 아침 7시까지 기상해서 8시에 떠날 수 있도록 준비하라는 안내를 받았다. 드디어 캠프로 향한다. 가고 싶은 땅을 드디어 밟는다는 안도감이 들다가 한 번도 경험해보지 못한 극한 환경에 놓인다는 생각에 불안하기도 했다. 두 가지 감정이 휘몰아쳤다. 그러나 나는 복잡한 마음을 남들이 읽지 못하도록 연신 가다듬었다.

짐을 정리한 후 가방을 숙소 근처의 창고로 옮겼다. 비행기에 실을 수 있도록 운반대에 짐을 올려두었다. 곧이어 미군이 창고를 방문해 가방을 일일이 열더니 대형 배터리 같은 위험한 물건은 없는지 확인했다. 여권과 이름도 미리 확인했다. 우리가 개인적으로 비행기 안에 들고 탈 수 있는 짐은 작은 가방 2개로 제한됐다.

캠프로 떠나는 당일이 되었다. 그린란드는 한국보다 11시간 느리다. 시차 적응에 실패한 나는 밤새 뒤척이다가 침대에 누워 있는 것이 지겨운 나머지 결국 새벽 5시쯤 방 밖으로 나와 복도를 걸었다. 복도를 걷다가 창밖을 보았다. 밖은 백야로 여전히 환했다. 해가 지지 않는 그린란드 여름의 하늘을 보노라니 낯선 공간에 있다는 것이 실감됐다. 그때 어디선가 다른 참여자들의 코 고는 소리가 들려 얼른 내 방으로 돌아왔다. 복도를 다니며 곤히 자는 다른 이들을 다 깨울 수는 없었다. 7시가 가까워오자 샤워를 하러 다시 방 밖으로 나갔다. 이미 샤워를 마치고 복도를 돌아다니는 참여자들과 만났다. 아직 이름도 잘 모르는 사람들에게 대뜸 오늘 떠나는 게 맞는지 물어봤다. 그들은 오늘 떠날 수 있을 것 같으니 얼른 준비하라고 했다.

우리는 아침밥을 먹고 거실에 모두 모였다. 캠프 준비팀은 안내 사항을 전달하려고 준비 중이었다. 그걸 담당한 블루니에 교수는 몹시 긴장돼 보였다. 그가 입을 열었다. "자, 여러분 드디어 떠날 수 있게 되었습니다." 그가 말을 마치자 거실에는 무거운 긴장감이 감돌기 시작했다. 이번에 비행기를 타고 캠프로 넘어갈 인원은 20여 명으로 이들 중 80퍼센트는 그 주 토요일에 다시 칸게를루수악으로 돌아올 예정이었다. 공군의 일정에 우리 일정을 맞추어야 하므로 오늘 칸게를루수악에서 캠프로 넘어가지 못하면 토요일에 돌아오는 참여자들은 예정된 일정에서 이틀이나 줄어드는 셈이었다. 그래서 오늘 떠날 수 있게 되었다는 소식에 참여자들은 무척 기뻐했다. 그러나 극한 환경에서 제한된 시간 안에 임무를 마치는 것은 압박이 큰 일이니 긴장될 수밖에 없었다.

블루니에 교수가 말을 이어나갔다. "캠프에서 뛰어다니지 마세요." 캠프가 위치한 곳은 해발고도 약 2700미터로 높아 고산병 증세를 겪을 수 있다고 경고했다. 캠프 측에서 우리에게 고산병에 대한 주의 사항을 자세히 공지했다. 캠프에 도착했다는 기쁨에 뛰다가 쓰러질 수도 있다고 했다. 고도가 높으면 산소 농도가 낮아지고 모세혈관의 압력 또한 높아져 뛰면 어지럽거나 두통이 올 수 있다. 혹은 피로, 메스꺼움, 호흡곤란, 수면 장애가 올 수 있다. 높은 고도에 익숙하지 않은 사람이 대부분이므로 고산병에 대한 강조가 거듭됐다. 물은 평소보다 2배 이상 마실 것, 처음 한 주 동안은 무리하지 말 것, 첫날은 절대 금주할 것. 그는 우리가 극한 환경에 간다는 점을 한 번 더 강조했다. "빛이 매우 강하니 선글라스를 꼭 껴야

하고 선크림을 자주 발라야 합니다." 무엇보다 북반구 대부분은 여름이지만 우리가 지낼 곳은 영하권이니 비행기에서 내릴 때 꼭 피복을 입어야 한다고 강조했다.

안내가 끝나고 코로나19 간이 검사를 했다. 전원 음성 판정을 받고 공항으로 향하는 버스를 탔다. 차내 분위기가 사뭇 무거웠다. 버스를 타고 5분 정도 가자 캠프로 떠나는 비행기가 내 앞에 있었다. 비행기 근처로 가자 기름 냄새가 진동했다. 소음이 너무 심해 군인이 소음 방지 귀마개를 나누어줬다. 나는 귀마개 대신에 소음 차단 이어폰을 써봤지만 소용없었다. 결국 이어폰을 빼고 다시 소음 방지용 귀마개를 꼈다.

공군 비행기에는 무게를 줄이기 위해서 꼭 필요한 장치만 있었다. 벽면에는 전선 같은 것들이 적나라하게 노출되어 있어 마치 온몸의 장기를 꺼내놓은 채 세상을 나는 것 같았다. 좌석도 마찬가지였다. 제대로 된 의자조차 없었다. 비행기 벽면에 기대어 앉을 수 있는 공간과 안전벨트만 설치되어 있을 뿐이었다. 우리는 벽면에 쪼르르 달라붙어 앉았다. 휴대폰을 비행기 모드로 전환했다. 군인은 출발 전 손전등을 들고 전선에 붙어 있는 계기판을 연신 확인하며 비행기 상태를 점검했다.

드디어 비행기가 하늘로 날았다. 이 순간을 우리는 참으로 오

캠프로 향하는 비행기 안 모습.

랫동안 기다렸다. 미군 공군기를 타고 그린란드 캠프로 향하는 동안 나는 실례를 무릅쓰고 함께 탄 과학자들의 얼굴을 영상으로 담았다. 거기에는 그린란드에서 빙하 코어를 얻겠다는 목표 하나로 전 세계에서 온 빙하학자들이 앉아 있었다. 빙하 연구의 2세대 과학자들부터 박사과정생까지 빙하를 연구하는 전 세대가 함께였다. 이 프로젝트를 이끄는 도터와 시추 전문가 스테판, 내가 캐나다에서 박사후연구원으로 일했을 때 직속 상사였던 엘리슨도 있었다. 그리고 내가 박사과정에 있을 때 베른대학으로 출장 다니면서 마주친 스위스 2세대 빙하학자 야콥이 내 옆에 앉아 있었다. 극 지역 연구를 이끈 2세대 과학자와 젊은 연구자들까지 한 공간에 마주 앉아 있다는 것이 감격스러웠다. 학회장에서 마주칠 법한 이들을 그린란드 심부 빙하 시추 현장에서 만났다.

비행기가 이륙하고 30분 뒤쯤 빙하가 시작되는 지점을 볼 수 있다는 말에 비행기 꼬리 부분에 있는 창문으로 가 빙상의 시작점을 하늘 위에서 보았다. 사진도 찍었다. 자리에 돌아오자 비행기 조종실에 가보라는 조언에 조종실에도 갔다. 조종실 앞 유리로 보니 온 세상이 하얗게 빛나고 있었다. 반짝이는 빙상과 조금 어두운 하얀 하늘이 드러나 있었다. 우리는 현장으로 가고 있다.

나는 비행기에서 오온 시인의 『없음의 대명사』를 읽었다. 짐을 다 가져갈 수 없으니 부피를 줄이면서도 책 한 권은 가져오고 싶었다. 낯선 곳에서 모국어로 쓰인 책 한 권이 마음을 편안하게 해줄 것 같았다. 책을 읽는데 배가 고파 누군가 실수로 내 가방에 넣어둔 초코바를 꺼내 먹으며 허기를 달랬다. 아침을 먹었는데도 허기가 졌다. 다들 나처럼 가지고 온 간식을 꺼내 먹고 있었다.

이륙한 지 2시간쯤 지나자 곧 도착할 것 같아 고산병에 대비해 물도 마시고 선크림을 덧발랐다. 착륙하면 입으려고 비행 내내 쥐고 있었던 방한복도 입었다. 2시간 반이면 도착한다는 안내와 다르게 비행기는 계속 하늘을 날았다. 내 옆에 앉아 있던 야콥은 휴대폰으로 갑자기 GPS를 찍기 시작했다. 그러더니 눈을 크게 뜨며 말했다. "어, 비행기가 다시 칸게를루수악으로 돌아가고 있어." 그는 비행기가 캠프에 들어가지 못하고 그 주변을 맴돌다 도시로 되돌아가고 있다고 했다. 다시 긴장되기 시작했다. 현장에 들어가는 것은 대자연의 허락이 있어야만 하는 거대한 일로 느껴지기 시작했다. 비행기에 탑승한 참가자들의 얼굴에 실망감과 염려가 교차되고 있었다.

비행기는 주변을 한참 돌다가 다시 캠프로 향했다. 예정대로 캠프에 착륙한다는 이야기가 들렸다. 방송 시스템이 없고 비행기 안은 매우 시끄러우니 우리는 귓속말로 이야기를 전달했다. 다시 20분을 하늘에서 더 날다 마침내 빙상 위로 착륙했다. 비행기의 꼬리 쪽 문이 활짝 열렸다. 열린 문을 통해 눈에서 반사된 밝은 빛이 쏟아져 들어왔다. 빙상에 반사된 빛 때문에 마치 천국에 도착한 것 같았다. 비행기가 멈추자 한기가 끼쳐왔다. 실험하느라 냉동고에서 작업할 때 느꼈던 그 차갑고 건조한 공기가 온몸을 휘감았다.

그린란드다. 드디어 나는 시추 현장에 도착했다. 그린란드 빙하 코어에서 측정한 데이터를 읽으며 그린란드를 상상하곤 했다. 상상 속의 그린란드 빙상이 눈앞에 펼쳐져 있었다. 나도 이제는 누군가에게 당당히 빙하를 연구하는 사람이라고 말해도 될 것만 같았다.

캠프에 참여하기 전 EGRIP 홈페이지에서 캠프 사진을 자주 보았다. 내가 상상했던 것보다 캠프는 훨씬 더 컸다. 마치 거대한 빙상 위에 과학자를 위해 건설된 작은 마을 같았다. EGRIP 캠프 건물은 이동식으로 본관인 생활 돔과 지난 시추 캠프에서 여기까지 차량을 통해 견인하여 설치한 시설로 구성되었다. 캠프 건물의 한가운데에는 검은색 생활 돔이 있고 그 사이에 빨간 집이 보였다. 집 사이에는 참여국의 국기가 세워져 있었다. 멀리서 펄럭이는 대한민국의 국기가 보였다. 눈앞에 펼쳐진 풍경에 흥분을 주체하지 못하고 어깨를 들썩거리며 환하게 웃었다.

캠프에서 지내고 있던 참여자들이 이동 수단인 스노모빌에 썰

비행기 꼬리 부분이 열리고 빙상이 보이기 시작한다.

캠프 생활 돔.

매를 달아놓고 비행기 앞에서 우리를 기다리고 있었다. 참여자들과 인사를 하다 나는 환영 인파 중 한 해 전 코펜하겐에서 한 달간 함께 실험했던 친구 야닉을 발견했다. 실험 이후로 다시 못 볼 줄 알았던 터라 1년 만에 재회한 것도 신기했는데 그린란드 현장에서 보게 되니 더 반가웠다. 반가운 마음에 야닉을 와락 안아버렸다. 드디어 극 지역 심부 빙하 시추 현장에 도착했다.

오랜 경험을 통해서만 얻는 것

✦ ✦ ✦

2023년 새해 첫날 동영상 플랫폼으로 신년 운세 풀이를 봤다. 사주를 풀어주는 그는 몹시 진지한 표정으로 올해 굉장히 지루할 거라고 힘주어 말했다. 어쩔 수 없지만 한 해 동안 지루함을 이겨내는 것이 내 임무라고 했다. 그걸 듣고 나자 기분이 나빠져 채널 구독을 취소했다. 그의 예상과는 다르게 가장 지루할 거라는 2023년에 나는 그린란드 심부 빙하 시추 현장에 가게 되었다. 이건 내 인생을 통틀어 손꼽히는 사건 중 하나일 것이다.

EGRIP 캠프에서의 생활은 단순했다. 8시에 아침을 먹고 각자 일을 하다가 12시에 점심을 먹고 또 각자 일을 하다가 오후 6시쯤 업무를 마치고 생활 돔에 모여 함께 저녁을 먹는다. 아침과 점심, 점심과 저녁 사이에 차를 마시며 꽁꽁 언 몸을 잠시 녹이는 시간도 있다. 식사 시간과 티타임은 캠프 참여자들과 이야기를 나누며 네트워크를 만드는 중요한 시간이기도 하다.

어느 날 아침을 먹으러 생활 돔에 도착해 두꺼운 피복을 벗던 중이었다. 근처에서 피복을 갈아입고 있던 덴마크 시추 전문가 벤트가 갑자기 나를 불러 세웠다. 그는 최근에 한국 차 '현다이'를 샀다고 했다. 나는 그에게 차를 살 형편이 안 돼 대신 주식을 샀다고 전했다. 그는 웃으며 자기 차 브랜드를 정확히 발음하고 싶다면서 알려달라 했다. 천천히 또박또박 '현대'라고 답했다. 그는 발음을 듣고는 여러 번 연습했다. 그 후 그는 나와 우연히 눈이 마주치면 밝은 미소를 지으며 말했다. "현대."

그렇게 친해진 벤트 덕분에 어느 날은 연륜이 쌓인 시추 전문가들 사이에 끼여 아침을 먹었다. 할 말이 없던 나는 뜬금없이 북한 이야기를 꺼냈다. 그 말에 꼬리를 물어 한국전쟁에 관해 이야기를 나누었다. 한국이라는 단어를 들으면 한국전쟁이 제일 먼저 떠오른다는 덴마크 시추 전문가 스테판이 한국전쟁에 참전하고 미국으로 떠난 삼촌이 있다며 이야기를 꺼냈다. 자신은 1952년에 태어나 삼촌의 존재만 알고 있을 뿐이라고 했다. 그의 말을 들으며 왠지 1952년이라는 단어가 너무 낯익었다. 가만히 생각해보니 아버지와 동년배였다. 아버지뻘의 연구원과 같이 일한다는 걸 상상도 못했는데 세월이 흐르고 흘러 아버지와 나이가 같은 사람과 어깨를 부딪치며 함께 일하고 있었다. 그의 얼굴을 다시 쳐다보았다. 얼굴엔 세월의 흔적이 빈틈없이 가득했다.

함께 식사하던 사람 중 일본의 저명한 연구자 겐지 가와무라도 있었다. 그는 항상 시추 전문가들 사이에서 밥을 먹으며 심부 빙하 시추 경험이 거의 없어 자기도 일종의 트레이닝을 받는 중이라면서 겸손하게 말했다. 그 말에 이어 조심스럽게 조언을 건넸다. 내가 맡은 현장 보조라는 직책은 현장을 운영하는 방법을 전반적으로 배울 수 있을 뿐만 아니라 다양한 연구 분야를 배울 좋은 기회라며 적극적으로 활용하라고 했다.

빙하 시추 현장에서 연구자와 시추 전문가의 경계는 희미하다. 현장을 전체적으로 지휘하는 이는 시추 전문가다. 그러나 시추하는 데 많은 인력이 필요하므로 몇 명의 시추 전문가만으로 현장을 운영하기는 어렵다. 연구자들도 시추 원리를 이해해야 현장에서 필요한 부분이 무엇인지 인지하고 프로젝트를 구성할 때 큰 그림을 그릴 수 있다.

겐지는 오늘 특별히 할 일이 없으면 밥 먹고 함께 시추 트렌치에 내려가서 빙하를 시추하는 방법을 보자고 했다. 겐지의 조언대로 아침을 먹은 뒤 함께 빙하 시추 트렌치로 향했다. 캠프에 도착하

시추 트렌치 입구.

고 가볍게 연구 현장을 둘러보긴 했으나 시추하는 모습을 직접 보는 건 처음이었다. 눈 아래에 있는 트렌치에 들어가자 마치 개미굴에 있는 것 같았다. 트렌치로 들어가면 두 개의 공간이 나온다. 오른쪽은 시추 트렌치이고 왼쪽은 시추한 빙하 코어로 실험이 이루어지는 사이언스 트렌치다. 캠프를 만들기 전 눈을 7미터 깊이로 판 후 지름 5미터, 길이 5미터인 풍선을 부풀려 넣는다. 이후 내린 눈이 계속 풍선 위에 쌓이고 굳어져 단단한 천장이 만들어진 후 풍선을 제거한다. 그렇게 자연적인 방식을 이용해 만들어진 공간이었다.

시추 트렌치로 가니 마침 시추를 시작하려던 참이었다. 나는 그들의 일을 방해하지 않기 위해 멀찍이 떨어져 관찰했다. 사람들이 시추기를 단단한 철선과 연결해 빙상 아래로 내려보냈다. 그러자 모니터에 빙하 시추기가 내려가는 속도와 시추기의 위치가 나타났다. 한참의 시간이 흐르자 시추기는 약 2500미터 아래까지 내려가 있었다. 어느 지점에 도달하자 시추기는 멈췄다. 그리고 칼날이 회전하기 시작했다.

심부 빙하 시추는 원통형 시추기를 이용해 수직 방향으로 빙하를 시추하는 방식이다. 시추기 끝부분에 부착된 드릴 헤드의 날카로운 칼날이 회전하면서 빙하를 원형 모양으로 시추한다. 시추기에 부착된 원통형의 긴 코어 배럴은 내부와 외부로 나뉜다. 파쇄

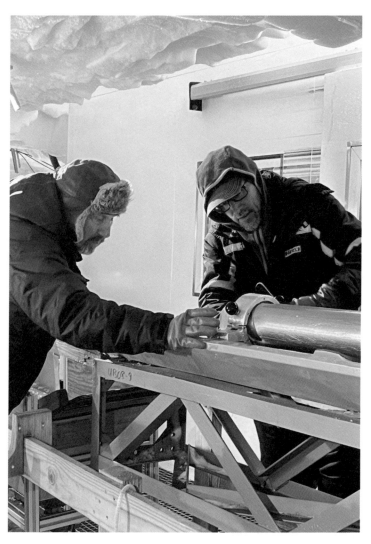

시추한 빙하 코어를 확인하는 모습.

약 2500미터 깊이에서 시추한 빙하 코어.

된 빙하 코어가 내부 코어 배럴로 밀려 들어가고 빙하가 파쇄되는 동안 생긴 얼음 조각은 내부 코어 배럴과 외부 코어 배럴 사이로 이동한다. 시추가 끝나면 시추기의 회전을 멈추고 드릴을 들어올린다. 이때 빙하 시료가 코어 배럴 밖으로 미끄러지는 것을 방지하기 위해 배럴 앞에 코어 캐처가 장착되어 있다.

시추하는 동안 가장 중요하게 고려해야 하는 요소는 압력이다. 빙상 바닥의 높은 압력은 시추로 만들어진 구멍을 빠르게 닫아버린다. 이를 방지하기 위해 주변 얼음과 거의 동일한 밀도를 가진 시추액을 넣어 압력을 유지해야 한다. 이번 EGRIP에서는 코아솔과 에스티솔을 일 대 이 비율로 섞어 만든 시추액을 레벨 55미터 정도로 유지하며 빙하 코어를 시추했다. 작업이 끝나자 시추기는 우리가 있는 곳으로 올라왔다.

시추기를 빙상 아래로 보낸 지 3시간 만이었다. 배럴 안에 방금 시추한 빙하가 있었다. 이제 막 시추한 빙하 코어를 보는 건 처음이었다. 샘플을 보니 박사과정 때 한 연구가 떠올랐다. 그 연구는 17만 년 전에서 13만 년 전까지의 대기 중 이산화탄소 농도 변화에 관한 것이었다. 그리고 12만 년 전에 형성된 빙하가 내 눈앞에 있었다. 박사과정 동안 매일 아침 냉동고에 들어가 매만졌던 샘플이 겹쳐 보였다. 감격스러운 마음에 아무 말도 할 수가 없었다.

코어 배럴을 섭씨 영하 30도의 냉동고로 보냈다. 솜뭉치가 달린 막대기를 배럴에 넣어 그 안에 있는 빙하 코어를 뽑아냈다. 시추한 빙하 코어의 크기를 재고 노트에 상태를 기록한다. 그다음 바로 직전에 시추한 빙하 코어의 하단 부분과 방금 시추해 올린 빙하 시료의 상단 조각을 맞추어 두 조각이 정확히 일치하는지 확인한다. 시추하는 동안 빙하 코어에 손실된 부분이 있는지 살피는 것이다. 빙하 코어를 55센티미터 크기로 절단하여 플라스틱 봉투에 넣어 빙하 코어 보관 상자에 넣었다.

1000미터 이상의 빙하를 시추하는 일은 쉽지 않다. 심부 빙하 시추는 고도의 기술을 요한다. 빙하를 시추하는 동안 빙상은 끊임없이 움직인다. 우리는 수직으로 빙하를 시추하지만 움직이는 빙상 때문에 시추공은 자꾸만 기울어진다. 게다가 빙상의 온도는 지면과 가까워질수록 높아져 영하 3도까지 이른다. 그 결과 시추하는 동안 많은 문제점에 맞닥뜨린다. 변수는 거의 매번 발생했고 매 순간 문제를 해결하기에 바빴다. 하루도 쉬운 날이 없었다. 바삐 돌아가는 현장을 보면서 그곳을 진두지휘하던 시추 전문가의 연륜이 부러워졌다. 수많은 경험으로 실력을 쌓아올린 그들은 대단해 보였다. 스테판과 벤트의 얼굴을 가득 채운 주름과 흰머리처럼 감출 수 없는 노련함이 현장에서 흘러나왔다.

심부 빙하를 시추하는 일은 몹시 까다롭다. 그러나 경험이 많은 그들은 경험이 적은 나보다는 덜 어렵게 느낄 것이다. 심부 빙하 시추 원리는 간단하다. 관건은 매번 발생하는 문제를 해결해나가는 것인데 해결책은 오래된 경험을 통해서만 얻을 수 있다. 이러한 경험은 논문에 적혀 있지도 않다. 각자의 몸과 마음속에 축적될 뿐이다. EGRIP와 같은 국제 프로젝트를 통해 젊은 과학자나 시추 기술자들이 숙련된 시추 기술자를 보좌하면서 경험의 전수가 이루어진다. 현장은 일종의 기술 교류의 장이다. 우리가 학회장에서 각기 다른 전문가와 이야기를 나누며 지식을 교류하는 것과 같다. 우리나라처럼 기술이 부족한 나라는 국제 프로젝트에 참여해 기술과 경험을 채워나가고 있다.

첫 번째 주 금요일 저녁에 파티가 열렸다. 흥이 달아올랐을 즈음 옆을 보니 스테판이 앉아 있었다. 취기를 빌려 그에게 말을 건넸다. "나를 한국의 시추 기술자로 키울 생각 없어?" 그가 답했다. "시간이 될 때마다 현장에 와. 언제든 환영이야." 빈말이었을지도 모른다. 그러나 나는 성실한 학생이 된 것처럼 시간이 나면 시추 트렌치로 내려가 그들이 문제를 해결하는 과정을 관찰했다. 고도의 기술을 옆에서 보는 것만으로 방법을 익히는 건 물론 불가능하다. 그러나 스쳐 지나가듯 배운 경험이 언젠가 도움이 되지 않을까 하는 마음에 시추 현장에 자주 머물렀다.

지루한 해가 될 거라던 2023년에 찬란한 경험을 했다. 12년 동안 실험실에서 만지기만 했던 빙하가 어떻게 얻어지는지 직접 볼 수 있는 기회였다. 인생의 많은 행운을 여기다 쓴 것 같은 기분이 들 정도였다. 그린란드 시추 현장에서 특별한 경험을 하면서 지난 몇 년간의 고단했던 순간을 떠올렸다. 박사 학위를 따고 여러 해 하던 일이 잘 안 풀려 힘들어하던 순간을 떠올리며 행운을 얻었다고 들뜨지 말자며 마음속으로 다짐했다. 언젠가 시추 현장에서 배운 경험을 쓸 수 있는 날이 올까? 미래는 늘 불확실하고 어디로 흘러갈지 예측하기 어렵지만 이제는 불안해하는 대신 불확실한 내 인생을 더 기대해보기로 했다. 그린란드 심부 빙하 시추 프로젝트에 참여한 것처럼 예상치 못한 즐거운 일을 맞이하게 될지 모르니까.

사람의 인연은 알 수 없는 법

✦ ✦ ✦

다리를 태우지 마세요Don't burn your bridges. 캐나다에서 퇴사를 결정했을 때 매일 아침 되뇐 문장이다. 캐나다에서 프로젝트 실패를 공식 선언하고 실적을 위해서 얼른 다른 곳으로 옮기는 것이 좋겠다고 판단했다. 다행히 한국 극지연구소에 계약직 자리가 나서 귀국하기로 빠르게 결정했다. 지금 생각해보면 별거 아닌 일이지만 당시에는 한국으로 돌아가겠다는 결심은 용기를 필요로 했다. 7년 동안 외국에 살면서 나도 모르게 한국 문화와 멀어져 있었고, 한국에 있는 선배들은 정규직 자리를 잡기 전까지는 최대한 해외에 있는 것이 좋다고 조언했기 때문이다. 그러나 내가 연구할 데이터가 전혀 없는 상황에서 무작정 시간을 낭비하는 것은 좋은 일이 아니라고 판단했다. 최대한 빨리 실적을 만들 수 있는 곳에 가는 게 좋을 듯했다.

전 세계를 통틀어 빙하 코어로 고기후를 연구하는 사람은 많지 않다. 한 다리만 건너면 서로 다 알 정도로 매우 좁은 분야다. 게다가 빙하 코어 연구는 절대 한 국가의 인력만으로 진행할 수 없다. 다른 나라의 전문가와 협력이 무조건적으로 요구되는 분야 중 하나다. 이런 이유로 그만두고 다른 곳으로 간다고 말하는 게 눈치 보였다. 게다가 계약 중간에 떠나는 건 사실 여기가 마음에 들지 않는다는 의사를 간접적으로 내비치는 일이기도 하다. 누군가 연구실 사람에게 나에 대한 평판을 물어볼 수도 있으니 더 조심스러웠다. 떠나더라도 서로에게 상처 주지 않는 방법을 찾아야 했다. 결국 내가 내민 퇴사 사유는 건강 문제였다. 내가 건강에 이상이 생겨 한국으로 돌아간다고 했지만 동료들도 내가 왜 그런 결정을 했는지 눈치챘을 것이다.

퇴사일이 정해지자 마음이 붕 뜨기 시작했다. 이번 퇴사는 한국에서의 퇴사와 달랐다. 통장 해약이나 집 계약 처리 등 많은 부분에 신경을 써야 했고 한국으로 짐을 모두 싸서 보내야 했다. 정신이 없어 일이 손에 잡히지 않았다. 그러나 미래에 다시 어떻게 엮일지 모르는 사이이니 절대 '다리를 태우고' 싶진 않았다. 말년 병장과 같은 마음으로 느긋하게 남은 한 달을 보낸 뒤 떠나고 싶었지만 그럴 순 없었다. 한 달 동안 가능한 한 열심히 일했다. 굳이 하지 않아도 되는 실험도 했다. 떠날 때까지 책임감 있게 일한 사람이라는 평가를 받고 싶었다.

그린란드 시추 캠프는 남극 세종 과학기지나 장보고 과학기지와 다르게 일정 기간에만 운영된다. 1년 중 봄이 시작되는 4월에 시작해 여름이 끝나는 8월에 종료된다. 모든 참여자가 캠프가 운영되는 내내 이곳에 머물지는 않는다. 임무에 따라 캠프 참여 기간이 결정된다. 나는 현장 보조로 6월 중순부터 4주간 머물게 되었다. 함께 머무는 사람이 궁금해 참여자 목록을 확인했다. 아는 사람의 이름이 눈에 띄었다. 바로 캐나다 연구소에서 일하는 동안 내 보스였던 엘리슨이었다. 나는 4주간 머무는 데 반해 그는 캠프에서 시추 보조로 일주일 정도 머물 예정이었다. 그의 이름을 확인한 후 캐나다를 떠나기 전 되뇌던 문장, "다리를 태우지 마세요"가 생각났다. 만약 내가 다리를 훨훨 태웠다면 그와 어떠한 얼굴로 마주해야 했을까?

그린란드 칸게를루수악에 도착해서 임시로 사용할 숙소를 확인하고는 깜짝 놀랐다. 그가 내 룸메이트로 배정되었기 때문이다. 내가 엘리슨과 인사를 격하게 나누고 있는 것을 캠프 리더인 도터와 EGRIP 준비팀인 JP가 보고는 깜짝 놀랐다. EGRIP 준비팀은 우리가 아는 사이인 줄 모르고 성별과 나이순으로 숙소를 배정한 것이기 때문이다.

　엘리슨은 내게 그린란드 시추 현장에서 어떤 일을 하는지 물었다. 나는 현장 보조로 왔는데 현장에서 2미터 깊이의 스노 핏snow pit을 통해 눈 시료를 확보해야 한다고 말했다. 스노 핏이란 눈을 특정 깊이로 파 연속적인 눈 시료를 얻는 기법을 말한다. 만약 2미터 깊이의 시료를 확보해야 한다면 직육면체로 2미터 깊이의 눈을 우선 판 다음 샘플링 케이스를 벽면에 박아넣어 눈 시료를 얻는다. 이때 시료가 오염될 수 있으므로 많은 주의를 요한다. 특히나 극미량원소 측정을 위해 사용될 시료라 적은 양의 오염도 없어야 한다. 시추기를 사용하지 않고 힘들게 스노 핏을 활용하는 이유는 빙하의 최상단이 시추로 인해 오염될 때가 많고 눈의 밀도가 낮아 층서가 잘 흐트러지기 때문이다. 이 때문에 힘들지만 스노 핏을 통해 눈 시료를 얻는다.

　그린란드로 떠나기 전 한국에서 스노 핏 경험이 있는 연구자를 한 명씩 만나 어떤 방식으로 스노 핏을 진행해야 하는지 물어보았다. 개인에 따라 설명하는 내용은 모두 달랐다. 그러나 그들의 이야기 중 공통점이 있었다. "정말 힘들다. 한번 열심히 해봐라." 2미터 깊이로 파야 하는 눈은 어제오늘 쌓인 것이 아니다. 3~5년 이상 연속으로 쌓이고 다져진 눈이기 때문에 밀도가 높고, 따라서 삽질

위 | 스노 핏 샘플링 현장 모습.
아래 | 스노 핏을 통해 눈 시료를 확보하는 모습.

자체가 쉽지 않다. 게다가 강한 바람 때문에 눈을 파낸 곳에 눈이 다시 들어와 밑 빠진 독에 물 붓기나 다름없는 사태가 벌어진다. 그래서 정확하게 샘플링을 하는 것보다 일단 눈을 잘 파는 것이 중요하다. 게다가 성인 남자 두 명이 작업해도 10시간 이상 걸리는 고난도 작업이니 현장에서 관계를 쌓아 샘플링을 도와줄 사람을 꼭 찾으라고 조언했다.

내 이야기를 듣던 엘리슨이 자기가 도와주겠다고 했다. 직접 부탁하지 않았는데도 말이다. 사실 그의 도움을 기대하진 않았다. 그는 캠프에 딱 일주일 정도 머무는 데다 그동안 빙하 시추 기술을 최대한 습득해야 하니 시간이 없었다. 그러나 한 번의 경험도 없는 내가 샘플링을 앞장서서 진행할 자신은 없었다. 그러니 나는 현장 경험이 많은 그의 도움이 필요했다. 그의 제안을 염치없이 덥석 받았다. 성공적으로 목표를 완수해낼 수 있겠다는 희망이 보였다.

캠프에 도착하고 심부 빙하 시추 작업이 멈춰 그가 할 수 있는 일이 딱히 없던 날 캠프 리더에게 허락을 받고 우리는 스노 핏을 진행했다. 다행히 그날 날씨는 화창했고 바람 한 점 없었다. 스노모빌을 타고 캠프에서 2~3킬로미터 떨어진 곳으로 갔다. 북극곰이 올지도 모르니 사냥총도 챙겼다. 캠프와 멀리 떨어져 진행하는 이유는 캠프에서 발생한 물질이 시료를 오염시킬 수 있기 때문이다. 우리는 우선 바람의 방향과 햇빛의 방향을 확인했다. 샘플링을 하는 동안 햇빛 때문에 눈이 녹을 수 있으니 샘플링을 진행하는 면에는 태양 빛이 가능한 한 도달하지 않아야 한다. 샘플링을 어떻게 진행할지 눈 위에 도면을 그린 후 나는 한국에서 가져온 삽으로 눈을 파기 시작했다.

생각과 달리 눈은 보들보들했다. 대부분의 도시에선 기온 변화로 내린 눈이 녹았다 얼기를 반복한다. 그 결과 눈의 일부가 얼음처럼 변해 매우 딱딱해진다. 그러나 연중 내내 영하권인 그린란드에서는 눈이 녹고 다시 어는 경우가 드물어 눈 파는 일은 생각보다 수월했다. 삽질하면서 그에게 캐나다에서 겨울 동안 매일 눈 치우는 일이 귀찮았다고 말했다. 그는 자신은 눈 파는 일을 좋아한다면서 신나게 팠다. 나는 그 말이 고마웠다. 스노 핏을 진행하는 게 매우 힘든 일이라 누구에게도 부탁하기 어려웠다. 그래서 같이하자는 말을 꺼내는 일이 부담이었는데 그의 대답은 부담을 느끼지 말라는 위로처럼 들렸다.

쉬는 시간도 거의 없이 둘이서 눈을 신나게 팠다. 2.7미터 깊이로 파고 최종적으로 2.5미터 깊이의 눈 시료를 확보했다. 샘플링을 마친 후 나는 이 결과물을 한국에 얼른 보고하고 싶었다. 어렵게 현장에 왔는데 내가 잘해내지 못한다면 그에 따른 책임은 나를 도운 누군가가 져야 한다. 그래서 정말 잘해내고 싶었다. 엘리슨의 도움 덕에 해냈으면서 내가 다 한 것처럼 한국에 있는 상사에게 허세를 부렸다. '하나도 힘들지 않더라, 일부러 힘들다고 겁준 거 아니냐'며 농담을 건넸다. 별거 아닌 일로 자랑하는 게 부끄러웠지만 내가 해낸 결과물을 꼭 전하고 싶었다. 덕분에 잘해낼 수 있었다고 엘리슨에게 인사를 건네자 그는 또 다른 경험을 함께할 수 있어 다행이라고 말해주었다.

극 지역 환경에서 마인드 컨트롤을 하기란 쉽지 않다. 하루에도 몇 번씩 극단적으로 변하는 날씨 때문에 내 기분도 획획 바뀌는 곳이다. 그래도 그 불안정한 감정을 타인에게 드러내지 않으려고 노력했다. 극 지역에서 활동하는 사람이라면 하나같이 힘들기에 타인에 대한 배려가 더 요구된다. 게다가 캠프에서 만난 사람들과 언제 어디서 다시 만날지 모르니 타인을 배려하는 일은 결국 나 자신을 보호하는 일이기도 하다. 누군가가 몹시 미워도 그 사람과의 다리는 절대 태우지 않아야 하는 것이다.

여성 과학자로 살아가기

✦✦✦

"여기에 있는 것이 안전한 것 같다고 느끼나요?" 그란란드 캠프에 파견 나온 의사가 내게 물었다. 내가 여기 온 지 일주일 만에 고산병 증세를 두 번이나 겪었기 때문이다. "만약 안전하다고 느끼지 않는다면 오늘 비행 편으로 되돌아가는 것이 좋겠어요." 의사가 권했다.

그린란드 EGRIP 캠프는 해발고도 약 2700미터에 있어 평소 높은 고도에 익숙한 사람들도 경미하게 아플 수 있다. 증상은 불면증, 피로, 부종, 두통, 구토 등 다양하다. 대부분의 사람이 고산병 증세를 경미하게라도 느끼며, 나같이 높은 고도에 익숙하지 않은 사람들은 더 심하게 앓을 수 있다. 나도 처음에는 미미한 증상만 나타났다. 처음 이틀 정도 영혼과 몸이 분리된 것 같았다. 다행히 잠은 잘 잤다. 그러나 다른 사람들보다 얼굴이 훨씬 더 심하게 부었다. 화장실에서 손을 씻다 거울에 비친 내 얼굴을 보고 매번 깜짝 놀랐다. 물을 많이 마시고 잠을 많이 잤더니 이틀 만에 영혼과 몸은 다시 합체됐지만 얼굴은 여전히 부어 있었다.

하지만 불편하다고 느껴질 정도는 아니어서 평소처럼 일하다가 크게 당했다. 그린란드에서 나흘째 되는 날이었다. 스노 핏을 통해 눈 샘플을 확보하고 있었다. 호흡으로 특정 원소가 오염될 수 있어 마스크를 쓰고 일을 했다. 강한 빛 반사 때문에 쓴 선글라스에 김이 얼어붙자 앞이 전혀 보이지 않았다. 그래서 선글라스를 벗고 쓰고를 반복하다가 갑자기 토할 듯이 어지럽기 시작했다. 전형적인 고산병 증상이었다. 게다가 그날따라 날씨가 급격히 변해 내 몸은 기압 변화를 심하게 느꼈다.

산소량이 부족한 고도가 높은 지역에서 첫 일주일은 적응 시간으로 두어야 한다. 다량의 수분 섭취와 긴 수면 시간은 물론이고, 평소처럼 빠르게 걷거나 뛰어서도 안 된다. 그러면 부족한 산소량 탓에 더 심하게 숨이 차오른다. 평소보다 일도 적게 해야 한다.

조금이라도 몸이 좋지 않으면 의사와 상의해야 한다. 아프다는 것을 숨기고 싶었지만 함께 일하던 동료에게 어김없이 들켰다. 캠프 일정에 맞춰 비행기가 움직이다보니 그린란드 도시와 캠프

간의 비행 편은 자주 있지 않았다. 내가 캠프에 오고 일주일 뒤 도시로 떠나는 비행 편이 있었고 그다음 편은 3주 뒤에 있었다. 그래서 의사가 내게 물었다. "여기에 있는 것이 안전한 것 같다고 느끼나요?" 만약 힘들고 불편하다고 느낀다면 오늘 비행 편으로 돌아가는 것이 좋겠다고 했다.

의사에게 사실대로 말했다. 아주 경미하게 어지럽고 토할 것 같았는데 물과 오렌지 주스를 많이 마시고 밥도 많이 먹었더니 괜찮아졌다고 말이다. 거짓말은 아니었다. 나는 의사의 결정을 기다리는 동안 제발 내 몸이 잘 버티게 해달라고 기도했다. 여기 머무는 일주일 동안 할 수 있는 것은 다 해봤다. 아쉬울 건 별로 없지만, 중간에 그만두고 가게 된다면 한국에 있는 다른 여성 연구자들의 기회가 사라질 것만 같았다. 나는 아픈 와중에도 내가 '여성'이라는 것이 가장 신경 쓰였다.

내가 남성이었다면 고산병 증상으로 중도 포기하게 된다고 해서 다음 과학자들의 행보를 신경 쓸까? 남성에겐 '가고 싶다'는 말 한마디로 기회가 쉽게 주어지지만 여성은 애를 써야 기회를 간신히 잡을 수 있다. 나는 국내에서 활동하고 있는 유일한 여성 빙하학자다. 게다가 석사과정부터 지금까지 빙하로만 연구했지만, 연구한 지 12년이 지나서야 실제 빙하 시추 현장에 올 기회를 어렵게 얻었다. 내가 잘해내지 못하면 다른 여성 연구자들의 기회가 줄어들 수도 있다.

　학계에 몸담고 있는 동안 가끔 외국 과학자들이 싸움을 걸어 왔다. 내가 먼저 말을 꺼내지도 않았는데 갑자기 어떤 학자가 한국 여성 연구자들도 극지 현장에 가냐고 물었다. 현장에 간 사람이 드문 데다 나도 가본 적이 없어 대답을 머뭇거리면 매번 그들의 충고를 들어야 했다. 하루는 프랑스 연구자가 왜 한국은 여성 연구자를 현장에 안 보내냐면서 내게 대뜸 화를 냈다. 혼자서 이야기를 꺼내고 혼자서 화를 낸 것이다. 그녀는 내가 대답하지 못하는 동안 스스로 결론까지 냈다. 그는 남성이 8시간 만에 끝낼 수 있는 일을 시간이 더 걸리더라도 여성 또한 해낼 수 있으니 여성 연구자를 현장으로 보내야 한다고 주장했다. 그러나 우리에겐 결정권이 없다. 그래서 나는 죄 지은 사람처럼 고개 숙여 그녀의 이야기를 들었다. 사실 내가 못 갔을 뿐 나의 프랑스 체류 기간에 한국인 여학생은 시추 현장에서 일했고, 2023~2024년에도 한국 여성 기술원이 당당히 현장 활동에 참여했다.

　많은 차별과 선입견을 견디면서 현장 활동 참여에 대한 욕구는 점점 더 커져갔다. 그래서 한국에 돌아온 후 사수에게 나를 극지역 시추 현장에 보내달라고 공격적으로 어필했다. 그래야만 간신히 기회를 얻을 수 있으니 말이다. 그렇게 그린란드에 갈 기회를 얻었다.

기회를 힘들게 잡았으니 이제는 잘해내는 일만 남았다. 현장 참여가 확정되자 '극지 수당'이라는 명목의 현장 위험수당으로 퍼스널 트레이닝을 등록했다. 극한 환경을 건강하게 이겨내고 싶었다. 그러나 트레이닝은 근육을 만들어줄 뿐 높은 고도에 적응하기 위한 체력을 길러주지는 않았다. 고도가 높은 곳에서 일상적으로 스키를 타는 스위스 친구는 캠프 주변에서 조깅까지 했다. 그러나 나처럼 해발고도가 0미터에 가까운 곳에 사는 사람은 갑자기 높아진 고도에 당연히 몸이 놀랄 수밖에 없었다. 결국 물을 잘 마시고 잘 쉴 수밖에 없었다.

다행히 증세가 심하지 않은 데다 극 지역 현장에 머물고 싶다는 강한 의지가 반영돼 예정대로 머물 수 있었다. 평소보다 음식을 두 배로 먹고 물도 두 배로 마셨더니 고산병 증세는 사라졌다.

한국으로 돌아가기 전 칸게를루수악에 다시 돌아와 이틀 정도 머물며 캠프 일정을 마무리했다. 캠프를 지원하는 일을 하는 JP 교수는 우리에게 숨겨둔 술을 내주었다. 그린란드 빙하수로 만든 맥주부터 그린란드 전통 증류주까지 다 있었다. 술을 마시던 중 JP 교수가 내게 대뜸 질문했다. "남극은 가봤니?"

한국에서 적극적으로 남극 빙하 시추 프로그램을 운영하고 있
으니 궁금하셨던 모양이다. 그의 질문에 한국에서 연구한 기간이
길지 않아 한국 프로그램으로 남극에 가본 적은 없다고 했다. 캐나
다에서 눈 시료를 얻으러 로키산맥에 다녀온 적은 있지만 빙하 시
추 현장을 간 건 이번이 처음이라고 고백했다.

그 말에 이어 빙하 시추 현장에 갈 뻔했던 경험을 털어놓았다.
2021년 봄 캐나다 로키산맥 컬럼비아 빙원에서 10미터 정도의 짧
은 빙하를 시추하는 작업이었다. 실험실 팀원들이 모여 화상회의
로 현장 계획을 세우고 있었다. 회의 도중 상사가 갑자기 나에게 질
문했다. "현장에서 일해본 경험 있니?" 예상치 못한 질문에 당황해
학부생 때 지질 현장에 나간 경험이 있었음에도 나는 없다고 대답
했다. 그가 다시 질문했다. "그럼 캠핑 경험은 있어?" 또다시 주눅
이 들어 알프스산맥 쪽으로 캠핑을 가본 적은 있지만 많지는 않다
고 너무 솔직하게 대답했다. 솔직한 대답 때문에 나는 현장에서 제
외되었다. 그 이야기를 듣고 있던 다른 상사는 화가 나 "여자도 뭐
든 할 수 있어요"라고 외쳤다. 그러나 내게 질문을 했던 상사는 그
말을 듣지 못했다. 그의 눈에 나는 작고 연약한 아시아인으로 보였
을 것이다. 그래서 나는 12년의 빙하 연구 경력에도 불구하고 현장
에는 단 한 번도 가보지 못했다.

이 에피소드를 JP에게 전했다. 이야기를 듣던 JP가 여기에 맞는 좋은 사례가 있다며 현장 근무직 면접을 본 어떤 여성의 이야기를 꺼냈다. 면접관은 면접 보러 온 여성을 떨어뜨리려고 그녀에게 다짜고짜 80킬로그램짜리 박스를 날라보라고 했다. 박스를 단번에 들기 힘들었던 그녀는 차분히 생각하다 박스를 열어 안에 든 물건을 한 개씩 나르기 시작했다. 그러고는 박스를 다시 조립했다. 그렇게 면접을 마친 그녀는 고용될 수 있었다. 그 이야기에 덧붙여 JP가 말했다. "꼭 몸을 써서 해낼 필요는 없는 거야. 우리가 해야 하는 일의 목표를 어떻게 달성할지 다양한 방법을 생각해 내면 되는 거야."

그의 이야기를 함께 듣고 있던 여성 과학자들이 미소 지으며 나를 바라보았다. 여성 과학자도 현장에서 충분히 일할 수 있다고 지지해주는 것 같았다. 참고로 캠프 기간 4주 중 3주 동안은 참여자 14명 중 절반이 여성 연구자였다.

현장에서 일하면서 알게 된 사실 중 하나는 힘을 필요로 하는 일은 보통 기계를 이용해 해결한다는 것이다. 그리고 나는 힘이 상대적으로 부족하지만 타고난 끈기가 있었다. 캠프에 머물며 삽질할 일이 자주 있었다. 눈 샘플을 얻기 위해 하는 삽질 외에도 눈이 오면 눈이 온다고, 눈이 그치면 눈이 그친다고, 눈이 올 것 같으면 눈이 올 것 같다고 삽질했다. 단단히 얼음처럼 굳은 눈을 수십 센티미터씩 파고 있으면 힘이 부족해서 못 끝낼 것 같다는 생각에 자주 압도됐다. 특히나 내 옆에서 단단히 굳은 눈을 삽으로 번쩍 들어올리고 있는 동료를 보고 있으면 그 압박감은 더 커졌다. 그럴 때마다 나는 귀에 이어폰을 꽂고 머릿속 생각을 비운 채 한 시간이고 두 시간이고 쉬지 않고 눈을 팠다. 그렇게 쉼 없이 일하고 돌아보면 어느 순간 내 목표 지점에 다다라 있었다.

나는 한번 시작하면 절대로 쉬지 않고 끊임없이 목표를 향해 나아갈 힘이 있다. JP가 들려준 이야기의 여성 지원자처럼 힘은 약하지만 타고난 끈기 덕분에 극한 환경에서도 충분히 일할 수 있는 사람이었다. 공부를 잘하려면 뛰어난 두뇌뿐만 아니라 목표를 향한 집착, 성실함, 체력 등이 필요하듯 극지 환경에서 일하는 데는 튼튼한 육체만 중요한 것이 아니다. 목표를 달성하는 능력, 성실함, 동기부여 등 다양한 능력이 필요했다. 더 많은 여성 연구자들이 극지역에서 활발히 연구하는 모습을 보고 싶다. 우리는 모두 동등하게 일할 권리가 있다.

전쟁과 그린란드

✦ ✦ ✦

그린란드로 향하기 전 팀장이자 팀원인 나를 감독하기 위해 관리 감독자 교육을 들었다. 혼자 떠나지만 현장 연구 수석 연구원으로 떠나게 되어 연구소 규정상 관리 감독자 교육은 필수였다. 이틀 동안 진행된 수업에는 전직 소방관의 강의가 있었다. 그는 현장에서 발생할 수 있는 다양한 화재 상황에 대해 알려주었다. 그리고 사이렌이 들리면 무조건 대피해야 한다고 조언했다. 그가 현직 소방관이었을 때 지진 대피 훈련 목적으로 동해의 한 해변가에서 시범적으로 사이렌을 울린 적이 있다고 했다. 하지만 시민 대부분은 아무런 반응도 하지 않았다고 했다. 그는 수업 시간 내내 외쳤다. "그러면 안 돼유."

5월의 마지막 날 새벽 6시 30분에 나는 사이렌에 잠이 깼다.

그날은 그린란드로 가기까지 얼마 남지 않은 시점이었다. 얼마 후 안내 방송이 나왔다. 나이가 가늠되지 않는 어떤 남자의 목소리였는데 그는 반쯤 울먹이고 있었다. 학창 시절 한 달에 한 번 오후 2시가 되면 온 동네에 울려 퍼지던 사이렌이 다시 울려 퍼지기 시작했다. 그 소리를 듣자 소방관의 말이 떠올랐다. "그러면 안 돼유." 아마 관리 감독자 교육을 받지 않았더라면 그냥 계속 잠을 잤을 것이다.

나는 엄마를 깨워 그린란드에 가져갈 65리터 가방에 비상 식품을 넣기 시작했다. 또 그린란드에 가져가려고 미리 사다둔 이뮨 멀티 비타민과 냉장고에 오랫동안 보관되어 있던 유통기한 지난 초콜릿을 가방에 집어넣었다. 엄마와 내가 허둥지둥하는 모습을 본 반려견 하양이도 덩달아 불안해했다. 하양이를 안고 대피하려던 찰나 사이렌이 잘못 울렸다는 것을 알게 되었다.

나는 정말 한반도에 전쟁이 다시 난 줄 알았다. 남북 간의 긴장이 고조되어 있었으니 전쟁이 나더라도 이상하지 않다고 생각했다. 드디어 터질 게 터진 것 같았다. 나는 당시 극 지역 빙하에 기록된 플루토늄의 농도 기록을 연구하고 있었다. 빙하에 남은 플루토늄은 핵실험의 흔적이다. 노래 제목에 따라 가수의 운명이 결정된다는 미신처럼 연구 주제대로 핵전쟁을 경험하는 것 같다며 그 짧은 순간에 연구 주제를 원망하기도 했다. 이 소동을 그린란드 캠프에서 언제든 이야깃거리로 써먹으려고 머릿속 한 켠에 기억해두었다.

캠프에서 저녁을 먹고 독일인 일카, 덴마크인 아이라와 함께 생활 돔 1층에 남아서 차를 마시고 있었다. 서로 차를 홀짝거리며 얼굴만 바라보던 중 나는 출국 전 한국에서 있었던 사이렌 소동을 들려주었다. 이야기를 마치고 둘러보았더니 둘의 표정이 아주 심각했다.

아이라는 자기가 겪은 전쟁의 경험을 털어놓았다. 그의 과거를 대략은 알고 있었다. 캠프에 오고 얼마 후 그를 SNS 친구로 추가하면서 자연스레 그가 어린 시절 겪은 일을 알게 되었다. 그 내용을 SNS의 가장 윗글로 고정해둔 터라 알 수밖에 없었다. 아이라는 보스니아 헤르체고비나 출신으로 1992년 4월에 발생한 내전으로 가족과 함께 크로아티아, 폴란드를 거쳐 덴마크로 피란을 가야 했다. 힘든 시기를 겪으면서도 그는 씩씩하게 첫 학기에 우수한 성적을 받았다.

그의 첫 게시물에서 인상 깊었던 점은 그가 실탄이 들어 있는 총을 들고 사진을 찍었다는 점이다. 그는 자신도 그게 총인 줄 몰랐다고 했다. 어린아이가 공책과 연필이 아닌 실탄이 든 총을 들고 있는 모습을 보면서 감정들이 얽혀 지나갔다. 전쟁은 어린아이에게도 총이 낯설지 않은 삶을 살게 만든다.

아이라의 이야기가 끝나자 일카가 베를린 장벽을 건너게 된 사연을 꺼냈다. 어렸을 때 그는 동독에 살았다. 어느 날 밤에 부모님이 캠핑을 가자는 말과 함께 짐을 싸 집을 나섰다고 했다. 그렇게 동독에서 서독으로 넘어갔다. 더 묻고 싶었지만 혹여 내면의 깊은 상처를 건드릴 것 같아 더 물을 순 없었다. 대신에 나는 외할머니와 외할아버지가 한국전쟁으로 북한에서 남한으로 내려온 이야기를 꺼냈다. 직접경험은 아니지만 전쟁을 간접적으로 경험했다는 말을 전하며 그들에게 조금이라도 공감한다고 표현하고 싶었다.

한국에서는 남북한이 적이 되어 무기를 들고 싸우며 한 나라가 두 나라로 갈라지고, 독일에선 동독과 서독이 장벽을 둔 채 긴장감이 돌고 있을 때, 그린란드에서는 비밀 프로젝트가 진행되고 있었다. 바로 아이스웜 프로젝트Project Iceworm다. 1959년 미국이 그린란드 빙상 속에 비밀스러운 군사기지를 만들기 시작했다. 이 프로젝트는 그린란드 빙상에 중거리 탄도미사일을 배치할 수 있는지, 그 가능성을 연구하기 위한 목적으로 계획되었다. 소련이 미사일을 탐지하지 못하도록 빙상을 덮개로 사용하려는 것이었다. 비밀 기지의 이름은 캠프 센추리Camp Century로 그린란드 북서부에 위치해 있다. 규모는 매우 컸다. 캠프 내에는 숙소와 실험실, 병원도 있었다. 빙하 속 기지는 차량도 다닐 수 있었고 심지어 술을 마실 수 있는 바도 있었다. 빙상 속 작은 마을이었다.

이 프로젝트를 진행하는 데 가장 큰 문제는 바로 빙하는 암석과 달리 흐른다는 점이다. 이 프로젝트의 일환으로 빙하의 물리적 특성과 안정성을 평가하기 위해 약 1400미터 깊이의 빙하 코어를 시추했다. 이렇게 시추된 빙하 코어가 바로 공식적으로 인정된 첫 그린란드 빙하 코어다.

그러나 예상했던 것보다 빙상이 훨씬 더 빠른 속도로 움직였고 비밀 기지는 점점 무너지기 시작했다. 어쩔 수 없이 그들은 안전상의 문제로 철수를 해야만 했다. 이때 시추한 빙하 코어가 아무도 사용하지 않은 채 보관되어 있다는 소식을 들은 덴마크 과학자 윌리 단스고르는 그 빙하 코어를 얻어 물 동위원소를 분석함으로써 그린란드의 과거 기온을 최초로 복원했다. 이것이 바로 빙하를 활용한 최초의 고기후 연구다. 이렇게 극 지역 빙하 코어 연구는 전쟁의 역사 속에서 시작되었다.

그린란드 캠프 센추리 프로젝트가 있었던 그린란드에서 전쟁의 경험을 나누니 기분이 묘했다. 당시 캠프에 머물고 있던 참여자의 수는 총 14명으로 많지 않았는데 직간접적으로 전쟁을 경험한 사람이 셋이나 된다는 사실이 놀라웠다. 전쟁 이야기를 깊게 나누

고 났더니 마음이 먹먹해졌다. 우리는 이야기의 끝에 어떤 이유에
서든 전쟁이 일어나선 안 된다고 강조하고 또 강조했다.

빙하의 엑스레이를 찍다

✦ ✦ ✦

　내게 여행은 일상을 잠시 멈추는 일이다. 내가 정기적으로 여행을 떠나는 건 자꾸만 잊게 되는 '지금 이 순간'을 놓치고 싶지 않다는 생각 때문이었다. 연구를 시작하면 일에 몰입한 나머지 지금 어디에 살고 있는지를 가끔 잊는다. 그래서 나는 지금을 붙잡으려고 일상을 멈추고 정기적으로 여행을 간다.

　여행지에서 꼭 하는 것은 계절의 공기를 느끼며 무한히 걷는 일이다. 가고 싶은 방향을 정한 후 휴대폰을 가방에 집어넣고 그 순간의 공기와 날씨를 최대한 느끼며 걷는다. 그린란드에서도 나는 현실과 잠시 단절했다. 먼 미래에 다시 오고 싶다고 해도 이 캠프에 다시 올 방법은 없다. 여기에 다시는 돌아올 수 없다는 생각에 '지금 이 순간'을 최대한 붙잡아두고 싶었다. 그래서 SNS에 실시간으로 현장 사진을 공유하되 가족과의 연락도, 회사에의 보고도 최소한만 했다. 너에게 집중하겠다는 의미로 친구를 만나면 휴대폰을 가방에 넣어두듯 여기 생활에 집중하겠다는 의미로 휴대폰을 자주 껐다. 그린란드에서의 풍경이 매우 이국적인 데다 생활에 몰입하다보니 한국에서의 삶이 마치 다른 행성에서의 삶인 양 느껴졌다. 써야 하는 논문도 잠시 잊고 한 달 동안 돈을 쓰지 않으니 통장 잔고를 확인할 필요도 없어서 내가 마주해야 하는 모든 고민을 한국에 다 두고 온 것만 같았다. 그린란드에서 나는 현실과 완전히 멀어질 수 있었다. 특히나 빙상의 하얀빛 때문에 땅이 너무 눈부셔 다른 행성에서 살고 있는 기분이 들었다. 그렇게 현실을 도피해 지내다보니 결국 연구소에서 연락이 왔다. 정기적으로 생사를 보고하라는 지시가 떨어졌다. 결국 일주일에 두세 번 연구소에 살아 있음을 알리며 나는 아주 가끔 한국을 떠올렸다.

극 지역 현장에 언제 다시 올지 알 수 없기에 의사인 아이라와 함께 시추 현장에서 할 수 있는 일은 다 해보기로 했다. 시추 현장은 날씨가 좋으면 빙상에 반사된 빛 때문에 세상에서 가장 빛나는 곳이 된다. 날씨가 좋은 날이면 저녁을 먹고 얼굴이 새하얘질 때까지 선크림을 잔뜩 바르고 밤 8시에 밖으로 나갔다. 우리는 업무가 끝난 밤이 되면 언제나 어린아이가 되었다. 하루는 눈을 모아둔 작은 언덕에 썰매를 들고 올라갔다. 올라가는 데 1분, 내려오는 데 10초밖에 걸리지 않는 그 작은 언덕에 올라가고 내려오기를 반복했다. 언덕이 매끄럽지 않아서 썰매를 타고 내려오면서 나는 자주 고꾸라졌다. 한번은 나의 몹쓸 운전 실력에 빙상 위를 뒹굴다가 일어섰다. 그 순간 세상이 조용했다. 너무나 고요해 아이라를 찾았다. 아이라는 조용히 썰매에 누워 하늘을 보며 두 발로 기어가고 있었다. 그 모습이 웃겨서 나도 썰매에 누웠다. 썰매에 누워 하늘을 바라보았더니 마치 내 머리 위로 반구를 얹어둔 듯 하늘이 동그랗게 나를 뒤덮고 있었다. 마치 어안렌즈로 사진을 찍은 것같이 하늘은 휘어져 보였다. 하늘을 보며 나도 아이라처럼 썰매에 누워 두 발로 기어다니기 시작했다. 두 성인이 아이같이 빙상 위를 기는 모습이 너무 웃겨서 우리는 서로를 바라보며 그린란드가 우렁차게 울릴 정도로 깔깔대기 시작했다. 아이라와 나는 고립된 환경에서 할 게 없어 하다하다 이런 멍청한 짓을 한다며 웃었다. 그랬더니 아이라가 내게 고백하듯 말했다. "나 사실 좀 이상해." 그 말을 듣고 웃으며 아이라에게 말했다. "나도 좀 이상해."

　나는 빙상을 기어다니면서 내 몸 아래 형성된 빙상을 상상했다. 생활 돔에는 심부 빙하 시추 현황을 볼 수 있는 모니터가 있다. 거기에는 그린란드 빙상의 물리탐사 자료와 우리가 생활하고 있는 생활 돔의 위치가 표시되어 있었다. 물리탐사 기법을 이용하면 빙상의 층이 어떻게 형성되어 있는지 수직단면으로 확인할 수 있다. 그리고 층들 사이로 시추기의 위치가 빙상의 어디쯤 있는지 보여주는데 이를 통해 심부 빙하 진행 상황을 확인할 수 있다. 나는 빙상을 기어다니면서 내가 연구하는 빙하가 내 등과 닿아 있다는 생각이 들자 기분이 묘했다.

캠프를 떠나기 하루 전 엘라이자가 현장에서 해야 할 모든 임무를 끝낸 데다 여유 시간이 있으니 이중 스노 핏double walled pit을 통해 빙상의 층을 관찰하자고 제안했다. 이중 스노 핏은 약 20센티미터 두께의 벽을 사이에 두고 두 개의 방을 만드는 방법을 말한다. 이때 한쪽 방의 빛을 차단하면 반대쪽에 들어오는 햇빛을 통해서 눈의 층서를 자세히 확인할 수 있다. 나는 눈 시료를 얻으려고 삽질하다가 고산병 증세를 겪은 기억 때문에 다시는 눈을 파고 싶지 않았다. 고개를 저으려던 찰나 엘라이자의 눈빛을 보고 말았다. 세상에서 가장 신난 그의 눈을 보자 하기 싫다며 거절할 용기가 나질 않았다.

엘카와 멕도 동행했다. 우리는 삽을 들고 생활 돔에서 1킬로미터 떨어진 곳으로 가 작업을 시작했다. 작업 시작 전 태양의 방향을 확인해 빛이 들어올 벽면을 선정했다. 그리고는 햇빛이 들어올 부분과 햇빛을 차단할 방을 정해 2미터 깊이로 두 개의 방을 만들었

이중 스노 핏을 통해 층서를 확인하는 모습.

다. 다행히 이번 스노 핏은 샘플 채취용으로 하는 게 아니라서 오염을 신경 쓸 필요가 없기에 한결 수월했다. 네 명이 힘을 합쳐 진행하니 생각보다 속도가 빨랐다. 스노 핏을 시작한 지 두 시간이 지나자 2미터 깊이의 방 두 개를 얼추 만들 수 있었다. 점심을 먹고 돌아와 빛이 들어오는 벽면 반대편 방 위를 나무판자로 덮었다. 우리는 두더지처럼 빛이 차단된 방 안으로 모두 기어들어갔다.

방 안에는 아무런 조명이 없었지만 얇은 벽을 통해 들어온 빛 때문에 빙상의 벽면은 푸르게 빛나고 있었다. 지구가 만든 미술관에 초대되어 자연이 만든 예술작품을 보고 있는 것 같았다. 푸른빛 사이로 눈의 밀도가 높은 부분은 빛이 차단돼 어둡게 보였다. 층서를 자세히 살펴보니 뭔가 딱딱하게 굳은 층도 있고 마치 파도가 치는 모양을 한 층도 있었다. 층을 관찰하던 중에 독일인 셰프 키프스툴 명예교수가 생각났다. 그는 빙하물리학자로 함께 일하는 동안 눈송이가 어떻게 빙하가 되는지 설명해주었다. 고기후를 전공한 나에게 빙하물리학은 생소한 분야라 그의 설명을 절반만 이해하고 절반은 흘려들었다. 그가 층서를 잘 설명해줄 것 같아 초대해 빙하의 층이 어떻게 형성되었다고 보는지 그의 설명을 부탁했다.

그 작은 공간에 셰프 교수와 맥, 엘카, 엘라이자와 나 이렇게 다섯이 들어가 있었다. 나는 셰프 교수가 설명하는 이야기를 다 기

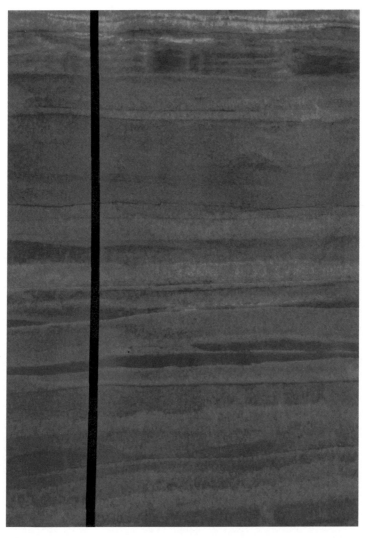

이중 스노 핏으로 확인한 층서.

억하고 싶다는 욕심에 휴대폰의 녹음 버튼을 눌렀다. 평소엔 활발히 웃으며 이야기 나누던 세프 교수가 갑자기 내향적으로 변하더니 수줍게 층서를 들여다보기 시작했다. 그러고는 입을 뗐다. "네 눈에 뭐가 보이니?" 그는 전직 교수답게 질문으로 시작했다.

그의 질문을 듣고 다시 층서를 보기 시작했다. 벽면에 마치 박힌 돌처럼 보이는 게 있었다. 돌같이 생긴 얼음덩어리를 가리키며 "저기 저 돌처럼 생긴 건 아마 며칠 전 기온이 올라갔을 때 표층에서 녹은 눈이 빙상 사이로 들어가 형성된 것 같아요"라고 말했다. 내가 캠프에 머무는 동안 하루는 섭씨 영상 1.1도까지 기온이 상승한 적이 있었다. 표층의 눈이 녹은 물이 아래로 흘러내려가 다시 얼어 얼음이 되었다고 생각했다. 그 말을 한 후 벽면을 다시 들여다보니 단단히 굳은 이 얼음덩어리가 파란 층에 박혀 하얗게 빛나는 모습은 마치 진주 같았다. 그는 우리에게 더 생각나는 것이 없냐고 물어보았다.

아는 만큼 보인다는 말처럼 아는 것이 없었던 나는 더 이상 할 말이 없었다. 학교에 있던 기간이 길어서인지 그의 질문을 듣고 나는 열등생이라도 된 듯 고개를 떨구고 그의 다음 말을 기다리고 있었다. 그러자 그가 2밀리미터 미만의 아주 얇은 층을 가리켰다. "이건 윈드 크러스트wind crust야. 바람이 강하게 불 때 그 강한 바람에도 살아남은 눈송이가 만든 층이야." 상대적으로 따뜻한 온도에서 폭설이 내렸을 때 형성된 층은 옅은 색을 띠며 층이 두꺼웠다. 이에 반해 강한 바람이 불어 형성된 층은 아주 얇고 단단했다.

2미터 깊이의 수직단면을 보면서 최근 2~3년 동안의 기상 변화를 유추할 수 있었다. 눈이 우리를 위해서 모든 기상 현상을 온몸으로 남겨둔 것만 같았다. 그 말을 마친 후 그가 말했다. "사실 이렇게 보고 당시 기후가 이렇다 저렇다 하긴 어려워. 그럴 가능성이 있다는 것뿐이지." 그는 층을 다시 살피며 여러 가정을 나열하기 시작했다. 자연과학에 절대적인 사실은 거의 없다. 무한한 가설이 난무할 뿐이다. 나도 논문을 쓰면서 이산화탄소가 왜 이 당시에 급격하게 상승했는지 많은 가설을 세운다. 다양한 가능성에 대해 언급할 뿐이지 정확한 원인을 제시하는 건 거의 불가능하다. 나도 논문에서 절대적인 메커니즘을 제대로 설명해본 적이 한 번도 없었지만 그럼에도 세프 교수의 여러 가설을 들으면서 힘이 빠졌다. 그는 이야기를 40분 넘게 했지만 결론은 '알 수 없다'였다.

그의 설명이 끝나고 함께 듣던 다른 사람들은 밖으로 나갔다. 나도 나가려던 찰나 세프 교수가 사진을 좀 찍어야겠다며 빙상 옆에 서보라고 했다. 나는 인간 기준 자 scale bar가 되어 빙상 옆에서 사진을 찍었다. 나는 빙상의 표면을 어루만지며 그에게 말했다. "꼭 빙하 엑스레이를 찍어본 것 같아요."

겨우 3제곱미터도 안 되는 방에 갇혀 있으니 나도 마치 그린 란드 빙상의 최상부에 포집된 것만 같았다. 푸른 방에서 다양한 색 으로 빛나는 눈의 층을 보면서 다음에는 눈 시료도 확보해 화학분 석을 해보고 싶다는 생각이 들었다. 그러면 우리는 층서를 조금 더 자세히 이해하게 될지도 모른다. 빙하의 층서를 직접 보고 나니 빙 하에 남은 기록을 더 잘 읽어내고 싶어졌다.

매일 밤
연구를 그만두는 꿈을 꿨다

✦ ✦ ✦

캠프에 있는 동안 영국의 박사과정 학생에게 이메일을 받았다. 그는 내가 박사과정 중에 진행했던 연구에 관해 질문했다. 그건 대답하기 아주 쉬운 질문이었는데, 거기서 과거의 내가 자꾸만 보여 짧은 이메일을 읽고 또 읽었다.

박사 학위를 받고 나는 지구의 과거가 더 이상 궁금하지 않았다. 단기간에 많은 성과를 만들어내 능력을 증명해야 했기에 남들보다 더 열심히 일해야 하는 의무만이 남았다. 그렇게 논문을 위한 논문만 쓰니 오히려 연구를 그만두고 싶다는 생각이 간절해졌다. 이때 그 박사과정생의 이메일은 내게 기폭제가 된 셈이었다.

석사를 마치고 박사 학위를 따는 동안 세상은 많이 어려워졌다.

선배들은 박사 학위를 따고 연구소 소속의 박사나 교수가 되기 전 일종의 훈련 기간인 박사후연구원이 되는 방법을 알려주었다. 일단은 나라와 연구 주제를 가리지 말고 전 세계 연구소에 이력서를 넣으라고 했다. 필요로 하는 곳이 있으면 무조건 가라고 했다. 좋아하는 일이든 아니든 그 일을 운명으로 받아들여야 한다고 말했다. 전 세계에 박사 학위 소지자는 너무 많고 자리는 한정적이기 때문에 내가 원하는 일보다는 나를 원하는 곳에서 일해야 한다고 했다.

박사후연구원으로서 원하는 연구를 하는 건 쉽지 않다. 일단 연구소가 내 연구 주제에 맞는 시료와 실험을 진행할 수 있는 장비를 보유하고 있어야 한다. 게다가 박사후연구원을 고용할 돈도 있어야 한다. 이런 조건을 다 충족할 수 있는 연구소는 전 세계에서 몇 군데 되지 않는다. 게다가 그 연구소에서 나를 원할 가능성은 희박하다.

나는 선배들의 조언에 따라 박사 졸업 후 내 관심사와 상관없이 전 세계 빙하 연구소에 지원했고 나를 원하는 곳으로 갔다. 그곳이 바로 캐나다 앨버타주에 위치한 캐나다 빙하 연구소였다. 나는 2020년 9월 팬데믹이 한창일 때 프랑스에서 캐나다로 넘어갔다. 신은 내가 마음에도 없는 연구를 한 걸 알았는지 망한 프로젝트를 선사했다. 어쩔 수 없이 논문을 한 편도 쓰지 못한 채 서둘러 다른 곳으로 옮겨야 했다. 다행히 한국 극지연구소에 자리가 나 곧바로 캐나다에서 한국으로 거처를 옮겼다.

정규직 연구원이 되기 위해서는 논문 편수가 중요하다. 박사후연구원으로 일하는 동안 최대한 많은 논문을 써야 한다. 선배들은 원하는 연구는 정규직을 얻은 후 하면 되니까 그때까지 참고 논문을 최대한 많이 쓰라고 했다. 나는 대학을 막 졸업한 사람처럼 스펙을 쌓으려고 노력했다. 토익 고득점을 얻기 위해 애썼던 그때처럼 매년 최소 한 편은 쓸 수 있는 연구자가 되려고 발버둥 쳤다. 그러나 캐나다에서 진행한 프로젝트가 크게 실패해 스펙 쌓는 일과는 멀어져버렸고 그 때문에 정규직 자리를 얻을 수 있는 확률은 점점 더 낮아졌다.

연구를 시작할 때면 매번 잘해낼 수 있을지 불안해하며 세상에 홀로 서 있는 기분이 들었다. 연구는 혼자 하는 게 아니라는 걸 안 순간부터는 연구에서 오는 고독함은 없어졌다. 하지만 호기심을 채우지 못하는 연구를 하기 위해 버텨야 하는 일은 또 다른 고독함을 자아냈다.

뚜렷한 목적 없이 논문 편 수만 채우려고 참여한 연구는 잔인하리만큼 힘들었다. 연구라는 게 매 순간 실패와 고뇌를 마주하는 작업인데 스스로 납득하지 못하는 주제를 당해낼 재간은 없었다.

동기부여가 되지 않으니 몸에 좋지 않은 약품을 마시며 실험하는 것이 참을 수 없을 만큼 싫었고 실험하는 내내 긴장한 채로 샘플을 다루어야 하는 일도 견디기 힘들었다.

궁금하지 않은 연구를 하면서 연구의 공백을 만들지 않으려는 스스로를 보니 대기업 정규직을 버리고 온 나의 과거가 자꾸만 생각이 났다. 갑자기 그 첫 회사가 그리워졌다. 능동적으로 살아온 내 청춘이 얄밉고 싫어졌다.

내가 좀 더 버텨 정규직이 되어 직접 실험실을 꾸린다면 좋을 텐데 2년을 버티고 5년을 더 버틴다고 해서 정규직이 될 수 있을 것 같진 않았다. 내 미래를 생각하면 생각할수록 점점 더 무기력해졌다. 나는 연구를 통해 우리가 몰랐던 사실을 알아낼 때 오는 쾌감에 취해 연구자가 되겠다고 결심했다. 그러나 박사 학위를 취득한 후 캐나다를 거쳐 한국까지 와 연구를 몇 년간 지속하고 있는데 그게 이상하게도 나를 불행하게 만들었다. 내가 연구하는 일을 좋아하는데도 불구하고 말이다. 결국은 그토록 오고 싶었던 심부 빙하 시추 현장에서 매일 밤 연구를 그만두는 꿈을 꿨다. 겉으로는 활짝 웃으며 사람들과 이야기를 나누었으나 마음속에는 수많은 감정이 오갔다.

그린란드 캠프에서 보내는 마지막 주가 되었다. 일주일 뒤면

원래 위치로 돌아가야 한다. 곧 헤어진다는 아쉬움에 우리는 매일 밤 생활 돔에 모여 술을 마셨다. 엘라이자가 이번 캠프 중 하이라이트가 뭐였냐고 모든 사람에게 질문했다. 그의 질문에 나는 "이번이 첫 극 지역 출장이라 모든 순간이 신기하고 새로워. 그리고 마지막일 수도 있어서 모든 순간이 최고였어"라고 답했다. 출장 후에 연구를 그만두고 다른 길을 선택한다면 아마 이번 극 지역 출장이 내 인생에선 마지막일 것이다. 그 말을 듣던 트레버가 "남은 5일 동안 잘 지내다가 가"라며 등을 두들겨주었다. 아무도 이번이 왜 마지막 극 지역 출장이냐며 나에게 되묻지 않았다.

그린란드 캠프에서 지낼 시간이 줄어드는 것이 아쉬웠던 아이라와 나는 어느 저녁 스노모빌을 타고 비행기 활주로 끝까지 달리기로 했다. 활주로 끝에 가면 캠프 주변 어디에서나 보이는 돔이 보이지 않으니 끝까지 가보라는 캠프 리더 도터의 조언 때문이었다. 감성적인 아이라는 활주로 끝에서 차를 마시자며 페퍼민트 차를 만들었다. 컵을 손에 들 수 없으니 각자 차를 마실 컵을 패딩과 몸 사이에 넣어 품었다. 그러고는 스노모빌을 타고 활주로 끝까지 달렸다. 나는 이어폰을 꽂고 내가 좋아하는 음악 한 곡을 무한 재생하며 한참을 달렸다.

주변에는 활주로 깃발과 우리밖에 없었다. 하얀 빙상과 조금

덜 하얀 하늘을 보며 달리자 하늘과 땅의 경계는 모호했다. 하얀 세상으로 빨려 들어가는 것만 같았다. 활주로 끝에 다다르자 더 이상 깃발이 보이지 않고 빛의 반사로 빙상은 파도처럼 보였다. 마치 파도가 나를 덮칠 것 같아 몇 번이나 멈췄다.

캠프에서 7킬로미터쯤 떨어진 곳에 서서 주변을 돌아보니 활주로의 끝을 알리는 깃발만 있을 뿐 정말 아무것도 보이지 않았다. 아무런 소리도 들리지 않았다. 나는 음악을 껐다. 바람의 소리조차 들리지 않고 아무도 존재하지 않는 이곳에서 페퍼민트 차를 마시며 한참 동안 말없이 하늘을 바라보았다. 해가 지지 않는 그린란드의 파란 하늘이 붉은빛으로 물들고 있었다. 도터에게 한두 시간 뒤에 돌아오기로 약속한 터라 아이라와 나는 다시 스노모빌을 타고 캠프로 서둘러 돌아갔다.

오는 길에 겁도 없이 스노모빌에 선 채로 달렸다. 그러면서 작은 해방감을 느꼈다. 모든 호기심을 억누르고 나를 채찍질하며 살아온 내 삶이 너무 갑갑하게 느껴졌다. 나를 가로막는 모든 것을 다 벗어던지고 싶어졌다. 내 몸과 머리를 헤집고 다니는 바람을 느끼며 다시 나를 찾고 싶어졌다.

나는 다시 자유롭고 싶다. 논문 실적만을 위해 노력하는 나 자신이 싫다. 지구에 대한 호기심보다는 당장의 안정된 직업 때문에 오늘의 호기심을 내일로 무한정 미루는 내가 싫다. 나 자신으로 다시 우뚝 서고 싶다. 지구의 과거가 늘 궁금했던 나를 되찾고 싶다.

7월의 핼러윈 파티

✦ ✦ ✦

"샴페인을 빨리 터뜨린 것 같아요." 한국에 있는 상사에게 현장 상황을 보고했다. 어떤 일이든 사람들과 나누며 공감하길 좋아하는 나는 현장에 재미있는 상황이 생기면 주변 사람들에게 공유했다. 예쁜 구름이 뜨면 SNS에 사진을 올리기도 했고 그린란드에서 특별한 경험을 하게 되면 재미있게 들어줄 친구에게 메시지를 보냈다. 현장에서 일어나는 신기하고 과학적인 해프닝들은 한국의 상사에게도 보고했다.

캠프에 도착한 후 초미의 관심사는 시추기가 언제 기반암에 닿을 것인가였다. 시추기가 기반암에 닿았다는 건 빙상의 시작 부분을 시추했음을 뜻한다. 그리고 심부 빙하 시추 임무를 완료했다는 의미이기도 하다. 시추 전 진행한 물리탐사 자료로 대략적인 빙상의 깊이를 계산할 순 있지만 실제와는 어느 정도 오차가 있다. 따라서 물리탐사 자료만으로는 기반암까지 시추했는지 정확히 알 수 없다. 시추하면서 계속 발견되는 다양한 증거를 통해 기반암까지 갔는지 확인해야 한다. 하루는 시추 트렌치에 내려가던 중 입구에서 만난 중국인 교수 난이 말했다. "지금 시추 트렌치에서 핼러윈 파티가 시작됐어."

그의 말에 신이 나 시추 트렌치 안으로 뛰어 들어갔다. 깊이 들어가자 온 세상이 주황색으로 물들어 있었다. 필름을 현상하는 암실 같았다. 백색 형광등을 모두 주황색 형광등으로 교체한 이유는 바로 빙하에 박혀 있는 광물과 연관이 있다. 기반암에 가까워질수록 빙하가 형성될 당시의 모래나 자갈이 빙하 코어와 함께 딸려 올라온다. 이 광물이 마지막으로 빛을 본 시기를 계산하면 빙하가 형성된 시기를 알 수 있는데 이를 바로 광여기 루미네선스Optically Stimulated Luminescence, OSL 연대측정법이라고 한다. 빙하 코어 속 미량의 광물은 퇴적되어 있던 동안 방사선에 노출되며 결정격자✦ 내 결함이

✦ 결정 안에 규칙적이고 주기적으로 배열해 있는 점들이 형성하는 입체적인 그물 모양의 격자. 결정의 내부 구조를 연구할 때, 결정 내부의 원자 · 분자 · 이온 따위의 배열을 이 격자로 표시한다.

생기고 이 결함에 전자가 포획된다. 광물이 빛에 다시 노출되면 포획된 전자가 에너지를 방출하는데 이때 에너지는 빛의 형태로 나타난다. 이러한 성질을 활용한 광여기 루미네선스 연대측정법은 방출된 빛을 분석해 광물이 마지막으로 빛에 노출된 시점을 추정한다. 그러나 샘플이 빛에 갑작스럽게 노출되면 광물 내부에 저장된 에너지가 초기화되기 때문에 분석이 불가능하다. 그래서 샘플이 OSL 연대측정 장치에 들어가기 전까지 어두운 곳에 보관해서 빛을 완전히 차단해야 한다. 빙하 코어 시추 후에는 빛을 차단하기 위해 샘플을 검정 비닐에 넣어 보관한다. 마치 크리스마스 선물처럼 측정 전까지 포장지로 꽁꽁 싸야 한다.

시추 트렌치에서 시추 작업자들이 미소를 띠며 생활 돔으로 몰려왔다. "기반암을 터치한 것 같아." 그들은 코어의 칼날이 손상되었는데 이것이 기반암에 긁힌 자국 같다고 판단했다. 그리고 빙하 코어 표면에 있는 작은 입자들도 기반암에서 딸려온 입자인 것 같다고 말했다. 그렇지만 아직 기반암을 터치했다고 볼 확실한 증거는 없었다. 기반암을 건드렸다면 기반암의 틈으로 시추액이 흘러가 압력은 갑자기 낮아진다. 그러나 마지막일지도 모르는 빙하 코어를 시추했을 때 시추액 압력에는 변화가 없었다. 확률은 반반이었다. 도터는 우리에게 샴페인이 많으니 오늘 샴페인을 따자며

주황색 형광등이 켜진 시추 트렌치.

기반암을 터치한 것 같은 순간을 축하했다. 나는 '샴페인을 빨리 터
뜨렸다'는 표현이 자꾸 떠올랐다. 너무 빨리 터뜨려 원하는 걸 얻지
못할 것 같은 불길함에 샴페인을 마시면서도 불안했다. 목표를 꼭
달성했으면 좋겠다는 간절함 때문이었다.

  결국 우리가 샴페인을 너무 빨리 터트린 것이 맞았다. 이튿날
시추팀이 다시 시추 트렌치로 들어가 시추를 이어서 하니 멀쩡한

빙하 코어가 올라왔다. 50퍼센트의 불확실함이 확인되는 순간이었다. 아직 기반암까지 도달하지 못했다. 그다음 날도 계속 빙하 코어가 올라왔다. 마지막 빙하 코어를 시추하지 못했다는 아쉬움이 감돌던 어느 날 도터가 EGRIP 심부 빙하 시추 직전에 진행된 심부 빙하 시추 프로젝트인 NEEM North Greenland Eemian Ice Drilling 캠프에서 얻은 기반암을 보여줬다. 플라스틱 샘플 통에 자갈이 들어 있었는데, 그 검고 투박한 자갈을 보면서 빙상 위에 첫눈이 떨어졌을 순간을 상상했다.

빙상 맨 아래에 있는 기반암이 내 손에 있다. 내가 연구하는 빙상 아래의 기반암은 어떤 모습일까? 첫 현장 경험에서 기반암을 시추하는 모습까지 보게 된다면 과학자의 운을 여기에 다 쏟아붓는 것 같아 한편으로 그 순간을 직접 보고 싶지 않아졌다. 그러나 이 마음은 어쩌면 캠프 동안 기반암을 시추하는 모습을 직접 보지 못한다는 아쉬움을 달래고 싶어서 든 것일지도 모른다. 캠프 운영 기간에 마지막 빙하 코어를 빙상 밖으로 들어올릴 수 있을까?

안녕, 그린란드

✦ ✦ ✦

몇 년 전 연말에 당시 남자친구에게 크리스마스카드를 받았다. A4 용지의 반만 한 카드를 받고 신이 났다. 큰 카드에 잔뜩 적혀 있을 내용에 들떴다. 디지털 시대에 직접 손으로 써준 편지는 특별하게 느껴진다. 그러나 그 큰 카드에는 딱 한 단어가 적혀 있었다. 메리 크리스마스. 그는 마음을 구체적으로 표현하지 못하는 사람이었다. '좋다' '사랑한다'와 같은 몇 개의 단어 이상으로 마음을 드러내지 못하는 그의 메시지를 받고 한참을 웃었다. 그와 다르게 나는 예민하고 섬세한 편이고, 감정을 글이나 말로 정확히 표현했다. 만약 내가 그에게 편지를 썼다면 그 큰 카드에 한가득 내 마음을 써 내려갔을 것이다. 그린란드에서 한 달간 지내면서 그 카드를 써준 예전 남자친구가 자주 생각났다. 세상에 글로 표현할 수 없는 감정이 있다는 것을 배웠기 때문이다.

그린란드에서 나는 종종 말을 잃었다. 얼어붙을 정도로 황홀한 순간이 많았는데 그때 느낀 감정의 다채로움과 달리 내가 입 밖으로 뱉을 수 있는 말은 '좋다' 혹은 '이쁘다'처럼 간단한 단어뿐이었다. 그동안은 반복된 경험과 익숙한 감정이 쌓여 감정을 언어로 능숙히 표현할 수 있었다. 그러나 그린란드에서 처음 느껴본 감정은 정확한 언어로 표현할 수가 없었다.

4주간의 일정을 마치고 캠프에서 머물던 14명 중 아이라, 일카, 엘라이자 그리고 나 이렇게 넷만 칸게를루수악으로 되돌아갈 예정이었다. 캠프에서 첫 주를 보낼 때 낯선 사람들과 낯선 환경에 빨리 적응해야 한다는 부담감에 캠프를 떠날 날이 얼마 남았는지 세곤 했다. 하지만 마지막 주가 되자 떠나는 게 아쉬워 남은 일자를 세었다.

마지막 날이 되자 '아쉽다'는 표현으로밖에 설명할 수 없는 복잡한 마음이 오갔다. EGRIP 캠프는 임시 캠프로 2024년에 프로젝트가 종료되면 모든 시설을 철거한다. 다시는 돌아올 수 없는 이 캠프의 모습을 영원히 기억하고 싶어서 남는 시간에 혼자 돌아다니며 모든 공간을 사진으로 찍어두었다. 자꾸 흐르는 눈물을 훔치며 모든 공간을 담고 나자 밖에서 비행기 소리가 들렸다. 이제 진짜 떠나야 할 시간이었다.

공군기 앞에서 모두와 사진을 찍고 포옹을 했다. 아쉬운 마음에 우리는 서로 아무 말도 못 했다. 언제나 그렇듯 다시 만나자고 인사를 건넸지만 속으로는 다시 만나는 일이 없으리라는 것을 알고 있었다. 나는 캠프 리더인 도터에게 작별 인사를 하지 못했다. 차가운 현장에서 언제나 따뜻하게 대해준 그에게 울지 않고 인사를 건넬 자신이 없었기 때문이다.

칸게를루수악으로 돌아가는 공군기에서 나는 자리에 앉아 안전벨트를 매고 고개를 돌려 내 머리맡에 있는 동그랗고 작은 창문을 통해 그린란드 EGRIP 캠프의 마지막 모습을 보았다. 동그란 창이 꼭 카메라의 조리개 같았다. 멀리 생활 돔이 보였고 내가 지냈던 텐트가 보였다. 저 멀리 태극기도 있었다. 4주를 함께 보낸 참여자들이 비행기가 이륙하는 모습을 지켜보고 있었다. 정말 이별의 순간이 왔다.

다시 눈물이 났다. 요리사 키아라가 마지막 선물이라며 싸준 케이크를 비행기 안에서 울면서 먹던 중 지난 4주를 다시 떠올렸다. 12만 년 전에 만들어진 빙하 코어를 직접 본 순간, 눈 샘플을 직접 채취한 일, 세프 교수와 함께 천부 시추기로 눈 시료를 얻은 일, 스노모빌을 타고 사람이 없는 곳까지 다녀온 일.

그린란드로 떠나기 전 섬이 나를 받아주어야 비로소 그 섬으로 들어갈 수 있다는 고등학교 선생님의 말씀이 생각이 났다. 세상에서 가장 큰 섬인 그린란드로 떠나기 전 나를 힘껏 밀어내면 어쩌나 두려웠다. 하지만 그린란드는 큰 마음으로 나를 품어주었고, 나는 그린란드에게 빙하학자로 인정받은 기분이었다. 고마운 마음에 틈틈이 눈 위에 누워 내 등 아래에 수백만 년 동안 쌓인 2700미터 깊이의 빙상을 상상하며 연신 그린란드에게 고마움을 건넸다. 그렇게 4주간 빙하만 생각하다 다시 현실로 돌아왔다.

칸게를루수악으로 왔을 때 세상이 다르게 보였다. 파란색과 흰색이 지배하는 단순한 세상에서 벗어나니 빨간색부터 보라색까지 총천연색이 온 세상을 뒤덮고 있는 게 보였다. 떠나야 비로소 내가 살고 있는 세상이 보인다는 말을 실감했다. 한 달 동안 눈 위를 걷는 게 익숙하다가 다시 육지를 밟으니 마치 우주여행을 하고 지구로 돌아온 우주 비행사가 된 것 같았다. 쓰지 않던 다리근육을 쓰자 다리가 아팠다. 걷기 연습을 하는 아이처럼 육지에서 걷는 연습을 다시 해야 했다.

초록색 대지를 의미하는 그린란드Greenland. 하지만 그린란드가 초록색 대지라는 것을 믿게 된 건 아이러니하게도 캠프에서 칸게를루수악로 되돌아왔을 때였다. 우리는 마지막 저녁을 함께 먹고 밀크티를 만들어 한 번 더 러셀 빙하로 드라이브를 갔다. 내가 태어난 해인 1984년형의 오래된 차를 타고 비포장도로를 한참 달렸다. 칸게를루수악 시내를 벗어나자 눈앞에 초록빛 대지가 펼쳐졌다. 세상은 온통 초록빛이었다.

80퍼센트가 빙하로 덮여 있는 나라의 이름이 아이슬란드가 아니라 그린란드인 이유에 관한 가설은 다양하다.[16] 그중 하나는 이누이트족이 살고 있던 그린란드에 바이킹족이 이주해왔고 더 많은 바이킹족의 이주를 장려하기 위해 그린란드라는 이름을 붙여 경작지가 많은 나라라고 홍보했다는 설이다. 그러나 눈앞에 펼쳐진 모습을 보자 그 가설을 만든 사람은 그린란드를 한 번도 본 적이 없는 게 아닌가 싶었다.

내가 시추 현장으로 떠나기 전인 6월 중순은 한국에 초여름이 시작되는 시기인 반면, 그린란드에서는 초봄이 시작되는 시기였다. 대부분의 지역은 눈으로 덮여 있었고 땅에는 봄의 시작을 알리는 야생화가 곳곳에 피어 있었다. 시내를 살짝만 벗어나도 그린란드의 주요 국가 사업인 광산 개발로 목초지 대신에 많은 지역이 검은색 토양으로 뒤덮여 있었다. 그래서 그때는 그린란드를 검은색과 흰색으로 가득 찬 나라라 생각했다.

그런데 캠프에서 돌아오니 한 달 사이에 온 세상이 초록빛으로 물들어 있었다. 목초지로 뒤덮인 동네를 드라이브하면서 초록빛 대지를 바라보았다. 나무 한 점 보이지 않는 들판에 암석과 구별이 안 되는 야생 사향소와 토끼들이 뛰어놀고 있었다. 이 세상에 오로지 목초지의 초록빛과 하늘의 파란빛만 존재하는 것 같았다. 차를 세워두고 마지막으로 한 번 더 러셀 빙하를 향해 걸어갔다. 얼어 있던 땅이 녹아 있었다. 현장에 4주 가 있는 동안 여기엔 야생화가 한가득 피어 있었다.

숙소로 돌아가기 전 전통 식당을 방문해 그린란드의 전통 담금주 뇌조 스냅스를 사는데 계산대 옆에 큰 술병 같은 것이 있었다. 보드카로 추정되는 투명한 액체 속에 주황색 토마토처럼 생긴 것이 들어 있었다. 레스토랑 주인에게 물으니 그건 바로 바다 토마토였다.[17]

바다 토마토. 주황색 토마토처럼 생긴 이 물질은 호수 바닥을 덮고 있는 남세균 덩어리다. 주인장은 바다 토마토가 호수의 바닥에 달라붙어 물을 더럽히고 있다고 했다. 바다 토마토가 살고 있는 물을 마시면 간에 손상이 갈 수 있어 일부 호수 지역은 식수로 사용하는 것을 제한한다고 한다. 우리나라의 녹조 현상처럼 그린란드에서는 바다 토마토가 물을 더럽히는 것이다.

남세균은 지구에 처음으로 산소를 공급한 박테리아로 지금의 지구를 만든 주역이다. 그러나 그린란드에 있는 이 남세균은 독성 물질이 되어 식수를 오염시키고 있었다. 동전의 양면처럼 초기 지구에 없어선 안 될 존재가 현재 그린란드에서는 사라져야 할 박테리아가 된 것이다.

　다시 비행기를 탔다. 이제는 그린란드에서 덴마크로 간다. 안녕, 그린란드.

캠프를 떠나기 직전의 마지막 모습.

미션 임파서블

몸은 현실로 돌아왔으나 여전히 내 관심은 그린란드 시추 현장에 쏠려 있었다. 2023년에 기반암에 닿을 수 있을지 궁금했기 때문이다. 내가 현장을 떠나고 일주일 뒤인 7월 21일에 시추팀도 임무를 마무리하고 칸게를루수악으로 돌아올 예정이었다. 현장에 있는 사람들에게 연락할 수도 있었지만 긴장감이 도는 현장에 직접 연락하는 건 실례일 듯싶었다. 홈페이지나 SNS로 공개되는 캠프 리더의 현장 일기를 읽으며 마지막 빙하 코어 소식을 기다리고 있었다.[18] 그린란드 날씨가 불안정하니 모든 이동 일정에 최소한 이틀씩 여유를 두라는 조언에 칸게를루수악에서 이틀을 머물고 코펜하겐에서도 이틀을 머물며 귀국 일정을 늘리는 와중에도 시추가 완료되었다는 소식은 들을 수 없었다.

마지막 시추팀이 떠나고 며칠 뒤 EGRIP SNS 계정에 사진 한 장이 올라왔다. "마지막 빙하 코어입니다." 이번 EGRIP 프로젝트의 마지막 코어를 시추하는 데 성공했다는 소식이 올라왔다. 드디어 빙상의 가장 아래에 형성된 빙하 코어를 들어올렸다. 많은 사람의 염원이 모여 이루어낸 기적 같은 결과였다. 이후 EGRIP 홈페이지에서 발표한 보도 자료를 통해 마지막 시추 현장 상황을 간접적으로 느낄 수 있었다.[19]

지금부터는 보도 자료 및 캠프 현장 자료를 바탕으로 내가 현장에 실제로 있었다는 가정하에 마지막 시추 현장의 모습을 상상해 작성해보았다.

비행기가 또 취소되었다. 2023년 7월 21일 오후 1시에 다시 칸게를루수악으로 돌아가기로 예정되어 있었는데 비행기가 결국 캠프까지 오지 못했다. 비행기가 예정대로 도착하고 떠나는 것은 오히려 기적 같은 일이다. 현장에 있으면 다양한 이유로 비행이 취소된다. 바람이 세차게 불어서 혹은 눈이 너무 많이 내려서다. 혹은 여름이 깊어지면 활주로의 빙질이 문제가 된다. 지구 평균기온이 높아지면서 표층의 눈이 녹아 빙질에 영향을 주기 때문이다.

결국 우리는 어젯밤 싼 짐을 다시 풀기 시작했다. 하루 시간을 번 셈이니 시추팀은 다시 시추 트렌치로 내려갔다. 아직 마지막 빙하 코어를 들어올리지 못했다. 거의 바닥에 가까워졌다는 건 육감으로 느끼지만 기반암까지 얼마나 남았는지 알 수 없다. 시추팀은 빙하용 시추기 말고 암석 코어 시스템을 내려보냈다. 기반암에 가까워지면서 자갈과 모래가 딸려오기 시작했기 때문이다.

시추기가 2670미터까지 도달했다. 시추기의 칼날이 돌며 다시 시추를 시작했다. 빙하 시추를 끝내고 드릴을 들어올리려는 순간 시추기가 바닥에 끼어버렸다. 잘못하다 마지막 빙하 코어와 드릴을 모두 다 잃을 수 있다. 긴장감에 잠시 일을 멈췄다. 그러나 빨리 판단을 내려야 한다. 지체하면 드릴이 진흙에 달라붙어 영영 꺼내기 어려워질 수도 있다. 드릴을 아주 살짝 올렸다 내리기를 몇 번 하니 갑자기 드릴이 바닥에서 빠졌다. 드디어 시추기가 올라오기 시작했다. 시추기를 기다리는 동안 마지막 코어일지도 모르겠다는 생각이 들었다. 진득한 진흙에 드릴이 달라붙은 게 느껴졌기 때문이다. 그러나 시추액 레벨의 변화가 없어 마지막 코어라고 100퍼센트 확신할 순 없었다.

2670미터 깊이에서 드디어 코어가 올라왔다. 옆에 서 있던 난이 시추기에 묻어 있는 시추액을 제거하고 냉동고로 배럴을 보냈다. 배럴 안에 있는 빙하를 꺼내자 트레버의 방한화에 진흙이 잔뜩 튀었다. 진흙을 본 순간 마지막 빙하 코어라고 확신했다. "여러분 마지막 빙하 코어입니다." 시추 현장을 지휘하던 수석 시추 기술자 스테판이 외쳤다.

물에 젖은 진흙이 잔뜩 든 마지막 코어는 약 섭씨 영하 3도로 추정되는 기반암에서 영하 32도의 차가운 시추공을 통과해 지상으로 올라왔다. 올라오는 도중 물에 젖은 진흙이 얼었을 것이다. 최종적으로 그린란드 EGRIP에서 2670미터 빙하 코어를 시추했다. 빙하가 1년에 58미터씩이나 움직이는 빙류에서 이뤄낸 최초의 시추. 빙상의 빠른 움직임으로 시추공이 기울고 기반암으로 갈수록 온도가 높아져 쉽지 않다. 그러나 숙련된 전문가들의 정확한 판단과 그를 보좌하는 많은 기술자 덕분에 불가능해 보이던 이 미션을 결국 해냈다.

비행기가 취소되지 않았더라면 마지막 빙하 코어를 들어올리지 못했을 것이다. 영화와 같은 일이 현장에서 벌어졌다. 그곳의 모든 사람이 마지막 빙하 코어를 자세히 살펴보고 싶어했지만 12만 년 이상 어둠 속에 있었던 광물이 빛을 받으면 OSL 연대측정을 할 수 없기에 궁금함은 잠시 접어두고 빙하 코어를 검은 비닐에 재빨리 넣었다. 마지막 빙하 코어의 나이는 약 12만 년으로 마지막 간빙기에 형성된 것으로 추정된다. 마지막 간빙기 동안 그린란드는 오늘날에 비해 5도 더 높았으니 미래 기후를 예측하는 데 유용한 정보를 제공할 것이다.

2023년 7월 21일 공식적으로 EGRIP 심부 빙하 시추를 종료했다. 우리는 샴페인을 터뜨렸다. 캠프에서의 마지막 축배였다. 샴페인 잔을 부딪치며 서로에게 축하를 건넸다. 쓰디쓴 고난을 다 겪어내고 마침내 우리가 원하는 목표를 성취했을 때 느껴지는 샴페인의 달콤함은 그동안의 쓴 순간을 모두 덮어버렸다. 캠프 리더 도터와 수석 시추 기술자 스테판을 바라보았다. 그들은 그동안 마음이 편치 않았을 것이다. 목표를 꼭 달성해야 한다고 압박하는 사람은 없지만 혼자만의 싸움이 쉽지 않았을 것이다. 시추 일정이 지날수록 더 많은 시선이

미션의 성공 여부에 몰렸으니 부담감이 커졌을 것이다. 시추 잘되어가냐는 누군가의 가벼운 안부 인사도 그들에게는 가볍지 않았을 것이다. 매일 성실히 임무를 수행하고 매일 새로운 문제를 마주해 해결한 결과 마침내 2670미터 길이의 빙하 코어를 시추하는 데 성공했다.

칸게를루수악으로 돌아간다. 짐을 챙기고 밖으로 나가자 빙상 위에 우리가 탈 공군기가 도착해 있었다. 기름 냄새 가득한 비행기를 보자 떠난다는 것이 실감났다. 비행기를 타고 귀마개를 한 뒤 꼬리 쪽을 바라보았다. 잔뜩 쌓인 짐 사이에 이번에 시추한 빙하 코어 박스가 보였다. 어제 시추한 마지막 빙하 코어도 들어 있을 것이다. 이번에는 빙하 코어와 함께 돌아간다. 비행기가 문을 닫고 활주로를 달려 날아올랐다. 우리가 그동안 지냈던 EGRIP 캠프가 창밖으로 보이다 이내 사라졌다.

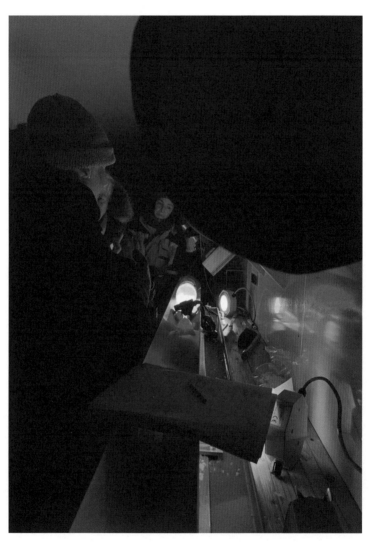

마지막 빙하 코어인지 확인하는 모습.

과거의 빙하와 미래의 지구,
그리고 현재의 빙하학자

우리에게 내일은 있다

✦ ✦ ✦

"전 이상하게 아장아장 걷는 애들 뒷모습을 보면 마음이 안 좋아요. 30년 후에 쟨 어떤 짐을 지고 살아갈까? 어떤 모욕을 견디며 살아갈까? 나니까 견뎠지. 저 애는, 그 어떤 애도 그런 일은 견디지 않았으면 좋겠는데." 드라마 「나의 해방일지」에서 조태훈이 염기정에게 하는 대사다. 16부작 드라마에서 가장 기억에 남는 장면은 뜬금없게도 아이의 뒷모습을 언급한 조태훈의 대사였다. 나도 조태훈처럼 아이들의 뒷모습을 보면서 많은 생각을 하기 때문이다.

경기도 광주 퇴촌 도서관에서 진행하는 시월의 하늘 행사에 참여해 초등학생들을 대상으로 하는 대중 강연을 했다. 과거 이산화탄소 농도 변화를 통해 바라본 현재의 기후위기에 관한 내용으로 강의를 준비했다. 준비하면서 어느 순간 '초등학생'이라는 단어가 신경 쓰이기 시작했다. 발표 준비를 하느라 IPCC 보고서에서 예측한 2100년의 대기 중 이산화탄소 농도와 지구 온도 자료를 보고 있는데 거기에 아이들의 미래가 겹쳐졌기 때문이다.

초등학생 대상 강의는 처음이었다. 이때까지 강의장에서 만난 청중 대부분은 2100년이면 세상을 하직했을 사람들이었다. 그러나 초등학생은 2100년이라는 시기를 살아갈 세대라는 생각에 나는 강의를 준비하다 덜컥 겁이 나곤 했다. 지금부터 노력하지 않으면 이상기후 현상이 더 빈번하게 발생해 삶을 위협할지도 모른다. 기후학자들도 매일 미래 기후 자료를 보면서 곧잘 우울해한다. 그럼에도 살아갈 날이 많이 남은 아이들에게 어두운 미래보다는 꿈과 희망을 더 많이 보여주고 싶었다.

20대를 보내고 있을 무렵 이런 사회를 물려주어 미안하다는 말로 시작하는 강의를 들은 적이 있다. 그런 말을 해준 강사들은 되레 좋은 사회를 만들기 위해 앞장섰던 사람들이었다. 머리를 조아리는 그들이 나는 몹시 불편했다. 그러나 이제 반대로 내가 미래의 청년들을 보면 미안해졌다. 어렸을 때부터 환경이 파괴되고 있다는 사실을 배웠음에도 나태했던 내 삶이 부끄러웠다.

발표를 준비하면서 청중의 감정까지 신경 쓰게 된 건 스위스에서 열린 빙하 코어 국제 연구자 모임IPICS에서 IPCC 보고서의 제

1 실무그룹 공동의장이자 기후학자인 발레리 마송 델모트 박사와 나눈 대화 때문이었다. 전 세계 사람들을 만나며 기후변화에 대해 전하는 그는 과학 커뮤니케이터다. 당시 나는 대중이 듣고 싶어하는 내용의 글을 어떻게 써야 할지 고민이 많았다. 학회 기간에 우연히 그와 점심을 함께 먹으면서 그동안 글을 쓰며 갖게 된 궁금증을 털어놓을 수 있었다.

그에게 나는 기후변화에 관한 글을 쓰고 있다고 소개했다. 댓글을 통해 독자의 반응을 살피면서 글을 구상할 때가 있다고 전했다. 재치 있는 댓글은 다음 소재를 구상하는 데 도움이 되지만 어떤 댓글은 읽고 나면 글을 쓰기 무섭기도 하다. 하루는 IPCC 보고서의 내용을 바탕으로 기사를 작성했다. 2100년이면 지구 평균온도가 상승해 산불, 홍수, 가뭄의 빈도가 높아져 인류에게 영향을 줄 수 있다는 내용이었다. 사실대로 전했을 뿐인데 독자는 감정적으로 반응했다. "너무 겁주지 마세요." 이 댓글을 읽고 나서 다음 글을 쓰는 데 방향을 잃기 시작했다는 말을 전했다. 그랬더니 그가 답했다. "우리는 감정이 있어요. 암울한 미래를 보면 회피하고 싶은 게 사람이죠." 그는 현실을 알려주되 희망찬 미래를 그릴 수 있도록 신경 쓰라고 했다. 그 둘의 균형을 맞추는 것이 중요하다고 강조했다.

델모트 박사와의 만남 이후로 기후 강의를 하면 영상물 등급

제도처럼 대상자에 따라 내용을 바꾸기 시작했다. '8세 이상 관람가' '19세 이상 관람가'같이 강의 참석자의 나이에 따라 내용의 수위를 조절했다. 나이에 따라 소화할 수 있는 범위가 다르다고 생각했기 때문이다. '19세 이상 관람가' 강의에서는 가뭄, 홍수, 폭염, 산불 같은 현상이 더 빈번하게 발생할 것이라는 이야기를 꺼내며 현실을 정확하게 보여주었다. 반대로 '8세 이상 관람가' 강의에서는 간접적인 사례를 들며 기후변화에 대한 심각성을 설명했다. 예를 들어 그린란드에서 이상기후로 하루는 야외 온도가 섭씨 1.1도까지 상승한 적이 있었다. 화장실 텐트를 고정하기 위해 텐트 주위에 뿌린 눈이 기온 상승으로 모두 승화돼 화장실 텐트가 날아갔다. 이 사건을 통해 간접적으로 기후위기를 전달했다. 그러나 어른이든 아이든 모든 강의 끝에는 희망을 논했다. 우리 모두의 힘을 합하면 지금의 지구를 더 푸르게 만들 수 있다는 희망, 그 희망은 연대에 있다.

델모트 박사는 전 지구인의 작은 노력을 모으면 우리가 지구에 배출하는 온실 기체의 20퍼센트를 감축할 수 있다는 희망을 전했다. 그 말을 들으며 나는 출장 다니느라 타게 되는 비행기로 인한 탄소 배출에 신경이 쓰인다는 말을 건넸다. 그는 공적인 삶과 사적인 삶은 분리하라며 공적인 것은 어쩔 수 없는 일이고 사적인 삶에서 어떻게 탄소 배출을 줄일 수 있는지 생각해보라고 조언했다. 매년 내가 배출하는 탄소 발자국의 양을 계산해서 전년도에 비해 얼마나 줄였는지를 따져보고 실천하라고 조언했다.

이야기 끝에 그는 지금 입고 있는 옷이 다 중고 판매점에서 산 것이라며 자랑스럽게 말했다. 나도 마침 들고 있었던 가방이 중고 판매점에서 산 것이라 그에게 자랑했다. 그와의 대화 이후 의식적으로 지구를 위해 생활하려고 노력했다. 외출할 때 인터넷 셋톱 박스를 끄거나 책은 서점에 직접 방문해 사기 시작했다. 오래 입을 수 있는 옷을 사면서 이제는 유행보다 개성을 따라가는 방식으로 소비할 수 있게 됐다.

우리는 기후변화가 와닿지 않는다는 기성세대와 기후위기를 보고 자라는 세대가 공존하는 시대를 살아가고 있다. 기성세대는 살아온 방식을 유연하게 바꿀 방법이 필요하다. 중세 온난기 기간에 그린란드로 넘어간 노르웨이 바이킹족이 삶의 방식을 유지하다 갑자기 들이닥친 한파와 가뭄으로 그린란드에 정착하지 못하고 떠나야 했던 것처럼 우리가 그동안 살아온 방식을 고수하면 언젠가 지구를 떠나야 할지도 모른다. 새로운 환경에 발맞춰 살면 새로운 세대에게도 내일이 있을 것이다.

남극 탐험의 꿈

✦ ✦ ✦

7년의 해외 생활을 마치고 한국으로 돌아오자마자 책 출간 계약을 했다. 6개월이 주어졌지만 마감 날짜가 다 되도록 글을 쓰지 못했다. 대부분의 기간을 목차 구상하고 백지를 마주하는 데 썼다. 빈 화면에 깜빡이는 커서를 보며 나는 빙하를 잘 모르는데 빙하에 대한 글을 쓴다는 공포감에 사로잡히곤 했다. 글을 갑자기 술술 쓸 수 있게 된 건 실제로 그린란드에서 빙상을 밟고 2700미터 길이의 긴 빙하를 시추하는 모습을 본 이후였다. 직접 경험한 만큼 글을 쓸 수 있다는 작가들의 조언처럼 나는 운명적으로 그린란드에 출장을 다녀온 후 이 책을 완성할 수 있었다.

그린란드 출장 후 드디어 글을 쓰게 되면서 극지연구소 김예동 전 소장의 인터뷰 기사가 떠올랐다. 남극에 처음 도착했을 당시의 느낌을 묻는 기자에게 그는 다음과 같이 대답했다. "흰색과 파란색, 두 가지밖에 없었어요. 창문도 없는 C-130 미군 수송기를 타고 뉴질랜드 크라이스트처치에서 출발해 7시간 반을 날아서 내리니까 눈부신 세계가 펼쳐졌는데 하늘만 파란색이고 그 아랜 전부 흰색이었어요. 다른 색은 어디에도 없었지요."[20]

그 인터뷰를 극 지역에 가기 전에도 읽었지만 기억에 남지 않았다. 그러나 그린란드에 다녀오고 우연히 다시 접했을 때 이제는 그의 말을 머리가 아닌 마음으로 이해할 수 있었다. 극지엔 정말로 두 가지 색만 존재했다. 그리고 날씨가 나빠지면 흰색과 파란색이 사라지고 세상은 온통 잿빛이 되었다. 두 가지 색 세상을 직접 경험하고 나니 내 세계는 더 커져 있었고 감각은 확장되어 있었다.

내가 처음 그린란드 빙상을 본 것은 C-130 미군 수송기 안이었다. 빙상에 도착하자 비행기는 계속 움직이는데 꼬리 부분이 열리며 하얀 빙상이 드러났다. 밖을 바라보며 빙상이 참 예쁘다고 생각하는 찰나 사진으로는 결코 상상할 수 없었던 차갑고 건조한 바람이 내 몸을 휘감았다. 그때 나는 내 상상력에 일종의 배신감이 들었다. 동료들이 남극에서 찍은 사진을 보고 내가 할 수 있는 상상은 눈으로 덮인 하얀 빙상과 파란 하늘밖에 없었기 때문이다. 빙상에 반사된 빛과 건조하고 차가운 바람이 눈을 강타해 선글라스를 껴도 너무 아팠다. 눈이 아픈 나머지 그린란드 시추 현장에 도착하자마자 몹시 감격하기라도 한 듯 울 수밖에 없었다.

글과 사진으로 이해할 수 있는 세상은 한정적이다. 빙하로 과거 기후를 연구하지만 나는 시간의 대부분을 실험실이나 사무실에서 보낸다. 사무실에서 데이터를 보고 다른 사람들이 쓴 논문을 읽는다. 빙하에 기록된 과거를 읽어내고 옛 시대의 기후를 상상하며 논문을 쓴다. 과학자는 데이터로 이야기를 나누면 된다고 생각했다. 그러나 현장에 직접 가봐야 빙하를 좀 더 이해할 수 있다는 사실을 현장에서 배웠다.

그러나 빙하학자가 현장에 가는 일은 어렵다. 빙하 시추 현장은 매우 극한 환경인 데다 비용마저 많이 드니 항상 최소한의 인원만 극지에 들어간다. 나 같은 실험 연구자보다는 현장에서 일할 기술자가 더 많이 필요하다. 빙하를 시추하는 데 전문적인 시추 기술이 필요하므로 나처럼 시추에 직접적으로 도움이 되지 않는 사람이 가는 것은 사실 비용 측면에서 낭비다. 그래서 보통 시추 현장으로 갈 때 시추 전문가를 중심에 두고 연구원이 보조하는 형태로 팀을 짠다. 그러나 데이터를 뛰어넘는 해석을 위해서라면 빙하학자들도 한 번씩은 다녀와야 한다는 생각이 들었다. 실제로 보지 않으면 빙하를 논하는 데 많은 한계가 있다는 걸 그린란드 시추 현장에서 깨달았기 때문이다.

그린란드 캠프에 있는 동안 나는 덴마크인 의사 아이라와 저녁을 먹고 매일 함께 운동했다. 하루는 생활 돔에서 활주로까지 걸어보자며 나왔다. 약 1킬로미터밖에 되지 않는 짧은 거리인데 빙상 위에 쌓인 눈 때문에 발이 자주 빠졌다. 걷는 게 불편하니 자꾸만 바닥을 보며 걸었다. 한참을 걷다가 활주로 주변 바닥에 고드름 같은 것이 예술작품처럼 붙어 있는 걸 보았다. 마치 사막의 바람이 사구를 만든 것처럼 규모가 작은 고드름이 바닥에 붙어 있는 모습이었다. 바람이 강하게 불어 눈송이가 특정 구조를 형성해 빙상 위에 붙어 있었다.

눈이 만든 구조를 더 정확히 관찰할 수 있었던 것은 눈의 층서를 직접 보게 되면서였다. 캠프를 떠나기 전 진행한 이중 스노 핏을 통해 빙상의 수직면을 자세히 관찰했다. 눈의 층서 변화를 통해 온도의 변화를 유추하기도 했고 온도 상승으로 인해 녹은 눈이 층서를 통과한 모습도 관찰하면서 기상이 빙상에 어떻게 직접적으로 기록되는지를 눈으로 확인할 수 있었다. 그중 내 눈에 익숙해 보이는 2밀리미터 미만의 아주 얇은 층이 보였다.

내가 이산화탄소 농도를 측정할 때였다. 빙하가 녹으면 눈과 함께 퇴적된 먼지와 산에 의해서 인공적으로 이산화탄소가 발생한다.

활주로 깃발을 고치는 아이라.

이 때문에 녹은 눈이 다시 얼어 형성된 용융층melt layer이 있는 샘플에서 이산화탄소 농도를 복원하면 이산화탄소 농도가 실제 값에 비해 매우 높게 나온다. 용융층 여부를 꼭 확인해야 하는 이유다. 만약 이상한 얇은 층이 있으면 나는 늘 톱으로 잘라 없애곤 했다. 실험실에서 용융층처럼 보였던 층이 이중 스노 핏 벽면에 딱 있었다. 너무 궁금해 세프 교수에게 이 얇은 층이 무엇인지 물어보았다. 그는 바람이 세게 불어 형성된 윈드 크러스트라고 했다. 그러면서 2밀리미터 이하의 작은 선은 용융층이 아니라 윈드 크러스트일 확률이 높으니 데이터 측정할 때 걱정하지 않아도 된다고 했다. 그 간단한 걸 12년 만에 현장에서 눈의 층서를 실제로 보고 나서야 알게 되었다.

　사무실과 실험실에서 데이터를 볼 때 나는 누군가가 그린 남극 빙상 모식도를 보면서 눈이 쌓이는 과정을 상상했다. 내가 할 수 있는 상상은 그린란드나 남극처럼 연중 내내 설선보다 훨씬 더 낮은 온도를 유지하는 곳에서는 눈이 녹지 않고 연속적으로 쌓인 후 압축되어 빙하가 되는 과정뿐이었다. 그러나 현장에서 관찰한 과정은 생각보다 복잡했다. 반사되는 빛 때문에 눈이 녹기도 하고, 강한 바람에 눈이 딱딱해지기도 하고, 폭설에 의해서 눈의 밀도가 낮아지기도 하는 과정을 거쳐 빙하는 수십만 년 동안 만들어졌다. 현장에 가본 적이 없는 연구자가 이런저런 아이디어로 논문을 쓰면

수동 굴착기로 천부 빙하를 시추하는 모습.

탁상공론에 그칠 수밖에 없는 이유이고, 과학자에게 상상을 뛰어넘을 기회를 주는 것이 필요한 이유이기도 하다.

나는 내 연구의 대부분을 남극 빙하를 이용했다. 그렇게 오랜 기간 남극 빙하 코어만 만져온 사람이었는데 아이러니하게도 현장은 남극이 아닌 그린란드로 갔다. 극 지역에 가보고 싶은 소망을 이루기 위해서라면 남극이든 그린란드든 가릴 수 없었다. 하지만 남극의 환경은 그린란드와 매우 달라 꼭 가보고 싶다. 그런 소망 때문에 그린란드 캠프에 머물며 현장 기술을 최대한 배웠다. 눈 시료를 얻는 스노 핏부터 10미터 깊이의 천부 빙하 시추까지 직접 해보고 싶기 때문이었다.

우리나라는 장보고 과학기지가 위치한 로스해와 급격히 빙상이 붕괴하고 있는 아문센해에서 천부 빙하 코어를 확보하고 있다. 나는 남극 현장에서 남극 빙하가 어떻게 형성되고 남극의 중력풍이 빙하 형성에 어떻게 영향을 주는지 직접 보고 싶다. 그러면 또 다른 영감을 얻을 수 있을 것 같고, 더 좋은 논문을 쓸 수 있을 것 같다.

이 꿈을 이번 생에 이룰 수 있을까?

여자의 친구는 여자

+ + +

학회에 가면 나는 어린아이가 된다. 논문으로만 봤던 유명한 학자들을 쉽게 만나니 꼭 내가 좋아하는 연예인을 직접 만난 것처럼 흥분한다. 박사과정을 시작하고 처음으로 스위스 인터라켄에서 열린 이산화탄소 국제 학회에 갔을 때의 일을 아직도 기억한다. 이산화탄소를 연구하는 전 세계 과학자가 모인 학회였다. 참여자들이 방 하나에 모여 세미나를 들을 정도로 학회 규모가 작았는데 첫날 일정을 마치고 숙소로 돌아가다 소리를 지를 뻔했다. 대기 중 이산화탄소를 처음으로 측정한 찰스 데이비드 킬링의 아들 랠프 킬링이 내 앞에서 다른 사람과 이야기를 하고 있었던 것이다. 랠프 킬링은 아버지 찰스 킬링에 이어 대기 중 산소와 이산화탄소 농도가 어떻게 변화하는지 연구하고 있다. 마음 같아서는 종이를 가지고 그에게 달려가 사인을 받고 싶었지만 참았다.

　한국으로 터전을 옮기고도 국제 네트워킹의 일환으로 장기 출장을 자주 다녔다. 해외 출장은 환상과 달리 힘들었다. 힘든 시차 적응뿐 아니라 마음의 여유도 없고, 주말이면 대화할 사람이 없으니 그날의 감정과 사소한 기억을 SNS에 종종 올렸다. 그것을 본 누군가는 멋있다거나 부럽다고 했지만, 나는 출장지에서 배우는 일을 익숙하게 해내지 못해 자기 비하에 빠져 겨우 버티던 중이었다.

　그러다 기회가 주어지면 꼭 출장을 가겠다고 마음을 바꾼 건 출장지에서 만난 인연 때문이었다. 2022년 11월 뉴질랜드 팀과 공동 연구 프로젝트로 웰링턴에 3주간 머물게 되었다. 빙하에 기록된 유기산을 이용해서 새로운 기후 프락시를 개발하는 프로젝트였다. 내가 웰링턴에 머무는 동안 일 년에 한 번 열리는 해외 연사 초청 세미나가 있었다. 그해 연사는 바로 미국 지구 물리학회 전 회장이자 컬럼비아대학의 연구 교수였던 로빈 벨 박사였다.

　연구자인 나도 내가 잘 모르는 분야의 세미나를 듣는 건 무척 힘들다. 과학 세미나라도 연구 목적을 제대로 이해하지 못하면 발표 내용 대부분을 알아들을 수 없다. 그의 연구 내용 역시 내 연구 배경과 매우 달라서 처음엔 그의 발표가 부담됐지만 강의가 시작되고 나서 나는 자세를 고쳐 앉았다. 극 지역 빙상을 연구하는 사람이라고 자신을 소개한 뒤 그녀가 말했다. "나는 오늘 이야기꾼일 뿐이에요. I am just the storyteller today."

그는 탄소 배출을 최소화하고자 남편과 함께 작은 엔진이 달린 돛단배를 타고 태평양을 건너 미국에서 뉴질랜드까지 왔다고 했다. 그가 지구에 남긴 탄소 발자국은 거의 0에 가까웠다. 사고가 나더라도 누군가가 도와줄 수 없는 망망대해를 작은 돛단배에 의지해 건넌 것이다. 그가 우리 앞에 있지만 오는 동안 어떤 어려움을 겪고 해결해나가며 왔는지 한 번도 경험해보지 못한 나로서 상상할 수 없었다. 그의 나이를 짐작해보자면 회갑의 나이는 이미 지난 것 같았다. 건강한 성인 남성에게도 돛단배에 의지해 태평양을 건너는 일은 쉽지 않을 텐데 그는 지구를 위해 탄소 배출 없는 방법을 택한 것이다.

돛단배를 타고 왔다는 말에 이어 그는 본격적으로 남극 빙하가 어떻게 만들어졌고 지금 기후변화로 어떻게 바뀌고 있는지 이야기꾼이 되어 재미있게 내용을 풀어나갔다. 발표 말미에는 남극 빙하가 녹으면 지구 전체뿐만 아니라 뉴질랜드에는 어떤 영향을 끼치는지 기후변화의 현실을 정확히 보여주려고 했다. 그의 엄청난 스토리텔링 방식에 눈을 깜빡일 새도 없었다.

강의를 마치고 세미나실 밖에 준비된 간단한 음식과 뉴질랜드와인을 마시며 허기를 채우고 있었다. 그에게 말을 붙이고 싶었지만 부끄러워서 먼발치에서 바라만 보고 있었다. 해가 지기 시작하자 뉴질랜드에서 협업하고 있던 홀리 박사가 집으로 가자고 해 세미나 홀을 떠나려던 찰나 로빈 벨 교수님이 우리를 불렀다.

"어머나 늦게 불러서 미안해"라면서. 나는 그에게 자기소개를 하고 강의가 인상 깊었다고 감사 인사를 건넸다. 이야기를 나누고는 작별 인사를 하자 그가 우리를 다시 불러 세웠다. "나 좀 도와주라." 오늘 저녁 식사 자리에 자신을 위해 함께 참석해줄 수 있냐는 것이었다. 그 식사 자리의 참석자 중 자기가 유일한 여성인데 함께해서 여성 비율을 높여달라고 부탁했다. 홀리가 난감한 표정으로 나를 바라보며 말했다. "백인 남성들만 있는 자리야."

그 자리는 오랜 경력을 가진 과학자들의 식사 자리였다. 로빈 벨 박사는 경험이 많고 남편까지 함께했으니 그 자리가 불편하지 않았을 것이다. 그렇지만 자기가 유일한 여성이 되는 것은 싫다고 여러 번 강조했다. 홀리와 내가 참석한 덕에 총 참석자 8명 중 로빈 박사, 홀리 박사 그리고 나 이렇게 세 명의 여성 과학자가 함께하게 됐다.

전 세계 지구과학 영역에서 여성 과학자가 차지하는 비율은 약 24퍼센트다. 여성의 비율이 지금이야 많이 늘었지만 지구과학은 여전히 여성이 서기 어려운 분야다. 특히 야외 조사가 기본인 지질학 분야에서는 위험하다는 이유로 오랫동안 여성이 배제되어왔기 때문에 비율이 더 낮다. 한 예로 1920년대 스탠퍼드대학 지질학과 학생인 메리 볼치 케네디가 남학생과 참여하는 것이 위험하다는 이유로 필수 수업인 여름 야외 지질학 수업을 듣지 못했다. 그는 대신에 혼자서 야외 지질 현장 조사를 다녀와 1929년 졸업해 스탠퍼드대학의 세 번째 지질학 졸업생이 되었다.[21] 마침내 1964년이 되어서야 여성에게도 여름 야외 지질학 수업에 등록할 기회가 주어졌다.

사회는 여성에게 많은 편견을 씌웠다. 남성과 동등한 실력이 있어도 여성이 정규직 연구원이나 교수가 될 확률은 낮다. 야외 조사하는 데 여성은 쓸모없다는 이유로 비슷한 실적이 있어도 남성이 더 우선하여 채용되며 기혼 여성은 정규직이 될 확률은 더 떨어진다.

이제는 젊은 여성 과학자를 쉽게 만날 수 있다. 내가 캐나다 빙하 연구소에서 일할 때 시추 현장을 지도하고 팀을 이끌었던 연구 책임자는 여성이었다. 나보다 두세 살 많은 그는 강한 정신력으로 캐나다의 가장 큰 산인 로건산맥에 올라 캐나다에서 긴 빙하를 직접 시추했다. 그러나 나보다 한 세대만 올려다보면 여성과 남성 연구자의 비율 차이는 매우 크다. 그러니 경력이 오래된 연구자들의 식사 자리에는 늘 남성이 압도적으로 많을 수밖에 없다. 벨 박사는 식사 자리에 여성이 없다고 불평하는 대신 여성 연구자를 초대함으로써 여성 연구자를 익숙한 존재로 만드는 일종의 사회적 행위를 한 것이었다.

과학계의 주류인 백인 남성 연구자들과의 식사 자리가 부담되지는 않았다. 오히려 신경 쓰였던 부분은 세대 차이와 문화 차이였다. 어색하게 앉아 있는 나를 보고 벨 박사가 몇 년 전 한국 극지연구소를 방문한 적이 있다며 연구소 사진을 보여 주었다. 그의 휴대폰에는 내 상사인 한영철 박사가 냉동고에서 빙하를 보여주는 모습이 찍혀 있었다. 그가 내 상사라고 말하고 하필 극지연구소에서 찍은 사진이 내 상사냐며 그와 한참 동안 웃었다. 뉴질랜드는 극지연구소를 관문 삼아 남극을 오가며 긴밀하게 공동 연구를 진행하고 있다. 내 주변에 앉아 있던 다른 박사는 우리 연구소의 남극 해양 퇴적물팀과 긴밀하게 일한다며 여러 연구자의 이름을 언급해 분위기를 편안하게 만들어주었다.

여자의 적은 여자라는 말을 들으면 마음이 아프다. 그 말은 여성을 위한 자리는 매우 한정적이었던 과거에 어쩔 수 없이 벌어졌던 여성들 간의 경쟁 때문에 생긴 표현일 것이다.

장시간의 비행과 시차 때문에 육체를 혹사하는 일이 있어도 이제는 해외 출장이 기대된다. 낯선 타인에게도 따뜻한 마음을 나누어준 선배 박사들이 있기 때문이다.

행복하지 않습니다

✦ ✦ ✦

나는 계약직 연구 노동자다. 매년 5월 말 재계약을 통해 연구자의 생명을 연장하고 있다. 비정규직 노동자라 언제든 연구를 그만둘 수 있다는 생각을 한다. 재능이 부족해서일 수도 있고 사회가 나를 더 이상 과학자로 받아주지 않는다면 떠날 수밖에 없다고 생각했다. 그러나 예상한 것보다 그 시기는 더 빨리 다가온 것 같다.

그린란드 출장으로 한 달 남짓 한국을 잠시 떠나 있는 동안 세상은 많이 바뀌었다. 정부에서 R&D 산업 예산을 대대적으로 삭감했다. 우리 연구소도 태풍을 피해가지 못했고, 우리 팀 예산은 전년 대비 약 25퍼센트 삭감됐다. 비정규직인 박사후연구원들이 큰 타격을 입기 시작했다.

나처럼 연구직에 있는 사람들이 사용하는 온라인 커뮤니티인

'하이브레인넷'에 박사후연구원의 권고사직에 관한 글이 올라왔다. 1년이나 2년씩 계약하는 비정규직 연구자로서 중간에 계약이 해지될 거라고 생각해본 적은 없었다. 우리는 어렵고 긴 과정을 버티며 학위를 받았다. 박사 학위 취득 후 박사후연구원이라는 신분으로 일하는 기간은 정규직 연구자가 되기 위한 일종의 훈련 기간이라 여긴다. 그래서 다음 단계를 위해 성실하고 최선을 다해 주어진 업무를 한다. 팀과 크게 문제가 생기지 않는 이상 계약 기간에 연구소를 떠나야 한다고 생각하지 않았다. 그러나 꼼꼼히 읽어보지 않았던 근로계약서에 연구소 사정으로 계약이 기간에 해지될 수 있다는 조항이 있다는 걸 이번 일로 알게 되었다.

우리 연구소에도 불안한 소문이 들리기 시작했다. 연구소의 일부 박사가 인사과에 재계약에 대해 문의하기 시작했다는 이야기가 돌았다. 팀에서는 사람을 절대로 자르지 않으니 걱정 말라고 했지만 불안은 멈추지 않았다. 팀에서 나를 지키려 하더라도 연구비가 없으면 언제든 나가야 하기 때문이다. 다른 팀에서도 사람을 내보내고 싶어서 계약 종료를 감행하는 것은 절대 아니다. 사실 연구소에서 가장 활발하게 성과를 내는 이들은 박사후연구원이다. 실험실의 실적을 생각하면 필요한 존재지만 삭감된 금액이 너무 큰 탓에 어쩔 수 없이 인원 감축을 고려한다.

박사 학위를 받은 모든 사람이 원하는 일자리를 얻으면 좋겠지만 현실은 그렇지 않다. 정부 출연 연구소의 연구원이나 대학교수 자리는 아주 한정적이다. 박사 학위 소지자 중 일부만 그런 직장을 얻어 계속 연구할 수 있다. 좀 더 안정적인 직장을 얻으려면 박사과정 중 했던 노력보다 더 많은 노력을 기울여야 한다. 분야에 따라 다르지만 매년 논문 한 편씩 발표해 내 능력을 증명해야 한다. 그러기 위해서는 주말과 휴일을 반납해 논문 한 줄이라도 더 써야 한다. 연구비가 삭감돼 박사후연구원 자리도 한정적인 이 시점에 살아남으려면 나를 더 몰아세워 더 많은 논문을 써야 한다.

R&D 예산 삭감은 내게 일종의 사형선고 같았다. 내 인생 전체가 부정당한 느낌이었다. 나는 왜 이토록 삶에 열정적이었을까. 원하는 일을 해보겠다고 회사를 그만두고 주도적으로 살아온 내가 무척 미웠다.

석사를 시작한 후 내 삶에서 언제나 우선순위는 지구과학이었고 연구 이외의 것은 뒤로 밀려났다. 석사와 박사라는 긴 터널을 통과하니 남은 것은 다양한 경험밖에 없었다. 학위를 받고 늦은 나이가 되어서야 돈을 벌기 시작했으니 직장 다닌 친구들에 비해 가진 자산도 없었다. 어쩌면 학계를 떠나야 할지도 모른다는 생각이 들자 매일 아침 출근길에 눈물이 났다.

언제 그만둘지 모른다는 생각이 드니 새로운 프로젝트를 맡아 진행하는 것도 부담이었다. 그린란드 출장을 다녀온 뒤 해보고 싶은 연구가 많아져 한동안 상사 앞에서 의욕을 내비쳤지만, 일을 벌이고 끝내지 못할 상황이 생길 수 있다는 생각에 새로운 아이디어를 내다가도 도로 거둬들였다.

희망이 전혀 존재하지 않는다는 생각이 드니까 무기력해졌다. 정규직 연구원이 될 수 없을 뿐 아니라 비정규직으로 일하는 것도 못 하게 될지 모른다는 생각에 사로잡히자 주말에도 일하는 내가 어리석어 보였다.

우울의 터널을 지나는 동안 프랑스에서 공부하던 시절이 생각 났다. 프랑스 친구들에게 졸업 후 무슨 일을 할 건지 물어보면 대답은 대개 두 가지였다. 학위를 따고 학계를 떠나겠다는 부류와 학계에 머물겠다는 부류. 당시 한국에서 공부하는 내 친구들이 모두 학계에 머물고 싶다고 말한 것과는 전혀 다른 반응이었다. 그때는 학계를 떠나는 친구들에게 인내심이 부족하다고 생각했지만, 그들의 생활을 면밀히 관찰한 뒤에는 그들이 매우 현실적이라고 여겨졌다.

실력과 운을 갖춘 친구들은 2~3년간 박사후연구원이라는 신분으로 연구를 계속 진행했다. 프랑스는 국제 네트워킹 능력을 중요시해서 해외 경력이 필수다. 그래서 이들은 자국을 벗어나 미국

연구소에서 2~3년 경력을 쌓고 다시 프랑스로 넘어왔다. 차근히 쌓은 커리어로 돌아오면 국가 연구소의 연구원이나 교수가 되었다.

박사후연구원으로 일하는 친구들 중 일부는 계약 기간이 3~6개월로 매우 짧았다. 짧게 일하고 계약을 못 한 기간에는 실업 급여를 받으며 버텼다. 스키 강사로 일하며 과학자로 연명하기도 했다. 어느 나라든 정규직 연구원이 되기 위해서는 연구 공백이 없어야 한다. 매년 논문을 써 과학자로서의 자기 능력을 보여줘야 한다. 그러나 3~6개월은 제대로 된 실험을 할 수 없는 시간이다. 그러니 자신의 능력을 보여주는 데 한계가 있다.

그래서 일부 친구들은 학위를 취득한 후 불확실한 삶이 싫다며 학계를 떠났다. 치즈 만드는 법을 배우러 다니는 친구도 있고 전공과는 아무 상관 없는 일을 하는 친구도 있었다. 누구도 그저 학위만 받으려고 3~4년의 시간을 투자하진 않는다. 그들이라고 과학계를 떠나는 것이 그토록 쉬운 일이었을까.

박사과정 중 직업 필수 교육을 30시간 받았다. 하루는 선생님이 수업에 앞서 대뜸 파레토 법칙 을 아냐고 물어보았다. 80 대 20 법칙이라고도 불리는 이것은 전체 결과의 80퍼센트가 전체 원인의 20퍼센트에서 일어나는 현상을 가리킨다. 선생님은 학위를 시작한 지 얼마 안 된 우리에게 미안하다는 말을 먼저 꺼내며 여기 앉아 있는 사람 중 20퍼센트만 과학자의 길을 걸을 수 있다고 했다. 그러니 과학자 외의 삶에 대해 생각해보라고 조언했다. 한국에 돌아갈 계획이 있었던 터라 나는 내게도 해당하는 이야기라고 생각하지 않았다. 당시만 해도 한국은 해외에서 학위를 딴 박사들에게 역파레토 법칙이 적용되던 나라였다. 그렇기에 나는 평생 과학자로 살 수 있을 거라고 생각했다.

학위를 따는 동안 한국은 개발도상국에서 선진국이 되었다. 선진국이란 국가 개발이 안정적인 단계에 들어섰음을 의미한다. 개발도상국 시절에는 '다이나믹 코리아'라는 말에 걸맞게 개발이 폭발적으로 이루어졌다. 수요보다 공급이 적어 누구에게나 기회가 열렸다. 그러나 성장이 안정화되면서 수요와 공급은 반대가 되었다. 과학 분야도 예외일 리가 없다. 나는 어리석게도 내 미래에 대비할 기회가 있었음에도 내 미래를 예측하는 데 실패했다.

게다가 R&D 분야의 예산 삭감이 더해지면서 나처럼 신진 과학자를 지원하는 프로그램이 사라져 우리가 설 자리는 더 줄어들었다. 나는 선진 과학을 배우려 선진국에서 7년간 살았는데 안타깝게도 선진 과학기술만 배웠다. 그때가 선진 사회의 구조도 이해하기 좋은 기회였는데 그걸 놓쳤다. 이제는 대한민국에도 파레토 법칙이 적용되기 시작했다.

한국에서 더 이상 연구할 수 없는 박사후연구원들은 해외로 거처를 옮길 것이다. 이제는 훌륭한 학생들을 보더라도 연구를 더 해볼 생각이 없냐고 권할 수도 없는 상황이 되었다. 뿐만 아니라 좋은 장비를 살 수 없으면 더 정밀하고 우수한 연구를 할 수 없어 질 높은 연구를 기대하기 어려울 것이다.

지구의 과거를 추적하는 연구가 너무 좋아서 박사 학위를 취득하고 박사후연구원이 된 나는 사실 그때 멈추었어야 했는지도 모른다. 언제든 잘릴 수 있다는 두려움이 극에 달한 어느 금요일 오후 직원 대부분이 퇴근한 연구소에서 탄산수를 잔뜩 마셨다. 탄산을 마시면 가슴이 뚫리는 기분이 들었다. 지구과학 곁에 머물고 싶었던 내 집착과 욕망을 이제는 내려놓아야 할 것 같았다. 멈춰야만 한다면 과감히 이 길을 그만 걷기로 했다.

늦은 밤 퇴근을 하면서 어두운 밤길에 횡단보도를 건너는 딸과 엄마를 한참 바라보았다. 나는 왜 이토록 지구과학을 향한 열망을 최우선 순위로 두고 살았을까? 무엇이 인생에서 중요했을까? 그 모녀를 한참 동안 보고 있었지만 사실 내가 응시한 건 내 지난날이었다.

동료들과 연대하기

+ + +

　나는 계절의 변화를 자주 잊는다. 대학원생 시절 학교 정문에서 버스를 기다리다가 주변 사람들의 옷을 보고 봄이 온 걸 알았다. 그때 나는 계절의 변화를 알아차리지 못할 만큼 마음의 여유가 없었다. 갑자기 내가 입은 패딩 점퍼를 남들이 볼까봐 부끄러워졌다.

　2022년 5월, 7년 만에 한국으로 다시 이사하자 매 순간이 소중했다. 오랜만에 한국으로 돌아오니 봄이 오는 기운도 봄비도 새롭게 느껴져 벚꽃 구경 계획을 세우던 때에 잊고 있었던 친구 J에게서 이메일이 왔다.

　J는 박사과정 동안 가장 가까웠던 미국인 친구였다. J는 나보다 1년 늦게 대학원에 입학했다. 그는 나와 같은 운명을 타고났나 싶을 정도로 많은 부분이 비슷했다. 친구들과 사교적으로 잘 지내

면서도 내면의 세계로 빠지는 모습이 유독 비슷했고, 연구 주제도 비슷했다. 내가 못 하는 건 그가 할 줄 알았고 그가 못하는 건 내가 할 줄 알아서 우리는 서로 논문의 공저자가 되어주었다. 게다가 그는 우리 집에서 도보로 1분 거리에 사는 이웃이었고 생일까지도 비슷했으며, 기쁜 일도 슬픈 일도 비슷하게 경험했다. 2021년 여름 건강 문제로 내가 잠시 귀국해 연락을 자주 하지 못했던 그때 J가 많이 아팠다. 병원에 가도 병명을 알 수 없었던 그는 일을 그만두고 미국으로 돌아갔다. 마지막 메시지만 남긴 채 모든 연락을 끊었다. 나는 사라진 친구를 종종 꿈에서 봤다.

꿈에서 J는 나를 제외한 다른 친구들과 연락하고 있었다. 혹시나 내가 그에게 너무 의지했던 건 아닌가 싶어 죄책감에 자주 빠졌다. 다시 돌아오기를 바라며 답변이 오지 않을 것임을 알면서도 나는 그에게 이메일을 보냈다. 오늘 뭘 먹었는지 보고하고 룸메이트의 고양이 사진을 보내거나 캐나다에서 다시 한국으로 떠난다는 사소한 이야기를 적어 보냈다.

박사과정 중 가장 어려운 일은 공부가 아니라 미숙한 연구자로서 잘해내지 못할 것 같은 불안감과 싸우는 일이었다. 박사과정의 마지막 학년이 시작되자 하루는 지도교수가 나를 불렀다. 박사과정을 마칠 때쯤에는 극단적 감정을 오갈 수 있으니 언제든지 연락하라고 하셨다. 내 마음이 약해서 생기는 문제도 아니고 모든 학생이 겪는 문제이니 걱정 말라는 말도 덧붙이셨다. 그의 말대로 학위를 마치지 못할 것 같은 두려움에 마음이 자주 가라앉았다. 더 가라앉아 저 아래로 침몰해버릴까봐 내 마음을 붙잡는 데 더 많은 에너지를 썼다. 그럴 때마다 나는 J와 매운 음식을 먹었다. 학교와 가까운 아시아 슈퍼마켓에서 닭강정과 매운 볶음 라면을 사다가 간단하게 조리해 점심으로 먹었다. 물 조절에 실패해 더 매워진 라면을 훌쩍거리며 먹고 있으면 식당을 지나가던 친구와 연구원들이 우리를 보고 웃어댔다. 그런 후에는 다시 책상 앞에 앉아 논문을 쓸 수 있었다.

한국이든 외국이든 교수의 지도를 받기는 쉽지 않다. 유명했던 내 지도교수는 내가 박사과정을 시작하자 더 유명해져 연구소를 자주 비우더니 마지막 학년이 시작되던 무렵에는 자리를 옮겨 다른 연구소의 소장이 되었다. 그는 떠나기 전 나를 꼭 책임지고 졸업시키겠다고 팀에 공표했지만 그건 불가능에 가까웠다. 그럴 때면 J가 교수의 공백을 채워주었다. 논문의 공저자이기도 했던 J가 논문을 함께 읽어주었다. 그에 대한 보답으로 나도 그의 학위 논문을 함께 읽었다. 분야가 달랐지만 서로의 논문을 읽으면서 그 고비를 버텼다.

2022년 10월 전 세계 빙하학자들이 모이는 IPICS 학회에 참여했다. 학회가 시작되기 전날 박사 학위를 받은 지 5년 미만인 젊은 과학자들을 상대로 세미나가 열렸다. 점심 먹기 전에 진행된 한 세션은 최근에 정규직 자리를 얻은 네 명의 과학자가 그 과정을 발표하는 장이었다.

네 명의 과학자는 한목소리로 말했다. 가장 중요한 것은 논문이다. 과학자로서 자신의 능력을 증명할 수 있는 유일한 방법은 논문이다. 두 번째로 중요한 것은 국제 네트워킹 능력이다. 그러니 다른 나라에서 경험을 쌓길 바란다고 했다. 그 말에 이어 연대를 강조했다. 박사과정도 정규직을 향한 과정도 쉽지 않다. 끝이 당장 보이지 않는 터널을 달려야 한다. 그리고 고민은 개인의 문제로만 그치지 않는다. 옆자리나 뒷자리 친구도 가진 문제이니 교류를 통해 나만의 문제가 아님을 알아차리는 것이 중요하다고 했다. 모두가 겪는 문제이니 힘을 합쳐 나아가라고 했다.

"여러분 연대하세요"라는 말을 들으며 나는 J가 떠올랐다. 나는 힘든 일이 있으면 J를 불러 말을 쏟아낸 반면, J는 말없이 옆에서 눈물을 훔쳤다.

세상과 등진 줄 알았던 친구의 연락이 7년 만에 맞은 한국의 봄보다 더 좋았다. 다시는 나와 연구하기 싫다고 할 줄 알았는데 그는 자신의 연구에 내 도움이 필요하다고 했다. 혼자였다면 절대로 지금의 내가 되지 못했을 것이다. 여기까지 온 건 J 덕분이다.

나에게 쓰는 편지

✦ ✦ ✦

책상에 앉으면 나는 짝사랑에 빠진 사람이 되고 만다. 상황이 점점 나빠지면서 연구를 원한다고 계속할 수 있는 건 아니라는 생각이 더 많이 든다. 문제는 상황이나 능력과는 상관없이 연구가 재미있어 계속해보고 싶다는 것이다. 더 못 할 것 같은 위기감이 들면 나는 애타게 매달린다. 가끔은 내가 손을 놓으면 끝날 것 같아 눈물이 난다. 12년간 매달렸으니 이제는 반대쪽에서 한번쯤 나를 붙잡아줄 순 없는 것인지 혼자서 묻는다.

2023년 12월 1일 그동안 연구소에서 진행한 논문을 저널에 투고했다. 3개월 동안 공저자들에게 이메일을 보내며 논문을 확인해달라고 부탁했다. 계약 완료일 전까지 논문 게재 실적이 있어야 다음 계약을 진행할 수 있어 내겐 매우 중요한 일이었다. 제한된 시간 내에 논문을 투고해야 한다는 압박에 지난 3개월 동안 공저자들을 무례할 정도로 재촉했다. 피드백을 빨리 받을 수 있으면 좋겠으나 각자의 일로 바쁜 터라 내 논문은 그들의 우선순위에서 자주 밀렸다.

재계약 전까지 논문이 게재되지 않으면 나는 연구소를 떠나야 한다. 미래가 달린 문제인 만큼 손 놓고 기다릴 순 없어서 처음에는 공손히 부탁하다가 나중엔 연구소 2행시 이벤트로 창의적인 설득도 해보았다. 결국 막판에는 제한된 시간에 연구를 마치는 중요성에 대한 짧은 에세이까지 쓰며 설득했다. 내겐 생계가 달린 문제이니 타인의 사정을 고려할 수 없었다. 협박에 가까운 재촉으로 다행히 3개월 만에 피드백을 받고 논문을 투고할 수 있었다.

공저자들에게 보낸 짧은 에세이는 사실 나에게 하는 말이었다. "석사과정은 논문 쓰는 방법을 배우고 박사과정은 제한된 시간 안에 논문 끝내는 방법을 배우는 시기였던 것 같아요. 박사후연구원은 제한된 시간 안에 많은 논문을 써 자기 능력을 증명하는 시기인 것 같습니다." 논문을 마무리해야 함에도 완벽한 연구 결과를 세상에 보이고 싶다는 욕심에 한없이 붙들고 있던 적이 있다. 실험을 열심히 한 데다 처음으로 세상에 선보일 데이터에 의미를 더 주고 싶었다. 그것이 연구자로서의 직업의식이라고 생각했다. 그러나 시간은 유한하고 세상엔 중요한 연구가 많으니 어느 순간이 되면 끝내고 다음으로 넘어가야 한다는 걸 박사과정을 마치며 알게 되었다. 연구 데이터의 한계나 능력 부족으로 데이터 해석이 미흡할 수 있지만 마무리하고 후속 연구를 기약해야 한다.

계약 조건 덕분에 제한된 시간 안에 효율적으로 논문을 쓸 줄 아는 과학자로 단련하는 중이다. 매번 새로운 연구 주제로 논문을 쓰려면 막막한 마음에 논문을 오래 붙잡고 있기 마련이다. 그래도 어느 순간부터는 '여기까지'라며 스스로 한계를 인정하고 과감히 마무리할 수 있었다. 계약 완료일 전까지 논문이 게재될지 모르겠지만 비록 연구소를 떠나게 되더라도 최선을 다했다는 말을 듣고 싶다.

논문을 투고하고 집에 오는 길에 그동안 쓴 논문들을 떠올렸다. 노력과 결과가 언제나 비례하지는 않았다. 평가란 내가 어떻게 할 수 있는 영역이 아니라는 걸 그 과정에서 배웠다. 때로는 운이 좋아 노력에 비해 더 높은 평가를 받았지만 반대로 평가절하된 경험도 있었다.

80만 년 동안 빙하기와 간빙기를 여덟 번 반복했듯이 인생에도 영원한 불행이나 영원한 성공은 존재하지 않는다. 인생은 태어나서 죽을 때까지 무한한 오르막과 내리막의 반복일 뿐이다. 운이 좋게도 학위 과정 중 원하는 연구 주제로 신명 나게 연구했다. 그러나 박사 학위를 딴 후 지난 몇 년간 인생이 내 맘대로 되지 않았다. 노력과 상관없이 프로젝트가 실패했고 열심히 노력했음에도 논문이 한동안 저널에 게재되지 못하고 세상을 떠돌았다. 불행이 영원할 것이라고 생각하지 않았으면 좋겠다. 내 불행에 매몰되어 스스로 불쌍한 사람이라고 자기 연민에 빠지지 않고 반대로 하는 일이 잘 된다고 영광이 영원하다고 생각하지 않았으면 좋겠다.

이산화탄소의 농도 데이터를 1000년 규모로 보는가, 80만 년 규모로 보는가에 따라 이산화탄소 농도 변화의 의미가 다르듯 매일 작은 성공과 실패가 반복되지만 인생 전체로 보았을 때 별거 아닌 해프닝일 수 있다. 반대로 작은 경험이 내 인생을 완전히 흔들어버리는 일종의 티핑 포인트가 될 수도 있다. 우연한 경험이 인생의 궤도를 바꾸는 경험을 하게 이제는 인생에 힘을 조금 빼고 인생의 흐름에 온몸을 맡겨보려 한다.

직업은 내가 선택하는 것이 아니라 하늘이 내려주는 천명이라고 생각한다. 아직은 연구자가 내 길인지 알 수 없으니 천명인지를 알려면 계속해보는 수밖에 없다. 미련이 남지 않을 때까지 하고 더 이상 연이 아니라면 후회 없이 돌아서고 싶다. 혹여 다른 길을 걷더라도 인생이 끝난 것처럼 좌절하진 않을 것이다. 인생도 빙하에 기

록된 이산화탄소의 변화 주기와 비슷함을 잊지 말라고 스스로에게
말한다.

에필로그
빙하학자로 평생 살아가기

✦✦✦

과거 기후에 관한 글을 쓰기 시작하면서 대중 앞에서 빙하에 관해 이야기를 나눌 기회가 몇 번 있었다. 매번 발표에 앞서 나를 '지구의 과거가 궁금한 빙하학자'라고 소개했다. 빙하학자라는 말이 여전히 쑥스러워서 말을 뱉곤 혼자 웃는다. '학자'라는 단어가 주는 무게감 때문에 '학도'라는 표현을 쓰고 싶기도 하다.

30분 이상의 강의 동안 빙하 이야기를 듣고 모든 내용을 다 이해하며 기억하는 건 하루 종일 빙하만 생각하는 나에게도 쉽지 않은 일이다. 게다가 30분 이상 이어지는 긴 강의에 온전히 집중하기도 쉽지 않다. 빙하에 대해 한 번도 생각해본 적 없는 청중에게 강의 내용을 기억해달라고 하는 건 내 욕심이다. 그럼에도 먼 훗날에 빙하라는 단어를 우연히 듣는다면 과거 기후를 연구할 수 있는 재료라는 것만큼은 기억해주길 바랐다. 이 책을 읽은 당신이 책을 덮고 대부분은 잊더라도 빙하학이 '빙하로 미래 기후 예측을 위해 과거 기후를 연구하는 학문'이라는 점을 기억해주길 바란다.

　책을 꼼꼼히 읽은 독자들에게는 죄송한 말이지만 과학에 100퍼센트 사실이란 거의 없다. 대신 많은 가능성을 가진 사실들이 존재할 뿐이다. 지구과학에서는 수학의 '1 더하기 1은 2'처럼 100퍼센트 사실 혹은 거짓은 좀처럼 볼 수 없다. 과학적 사실 대부분은 이럴 수도 있고 저럴 수도 있는 다양한 가설일 뿐이다. 당신이 10년 뒤 이 책을 읽는다면 책의 내용 중 많은 부분은 사실이 아닌 것으로 판명나 있을 수도 있다. 80만 년의 간빙기-빙하기 사이클 동안 이산화탄소 농도가 오르락내리락했다는 사실과 현재 이산화탄소 농도가 급격히 증가하고 있다는 사실 빼고는 많은 이야기가 먼 훗날에 거짓이 될 수 있다. 그래서 나는 당신이 이 책을 읽고 덮을 때 내용을 다 잊었으면 좋겠다. 그러나 빙하학자가 지구를 바라보는 방법은 잘 기억해주시기를 바란다. 그리고 '지구가 뜨거워지고 있다는 것은 새빨간 거짓말'이라고 외치는 기후 회의론자들의 말에 흔들리지 않기를 바란다.

　논문이 세상 밖으로 나오는 데 저널 에디터와 리뷰어가 있다면 이 책이 나오는 데는 책의 에디터와 리뷰어가 있었다. 내 글에 맞는 방을 만들어주시고 그 방이 예쁘게 꾸며질 때까지 기다려주신 글항아리 이은혜 편집장님에게 무한히 감사드린다. 책을 처음 써봐 이렇게도 썼다가 저렇게도 쓰는 시행착오를 겪는 바람에 완성하는 데 많은 시간이 걸렸다. 그러나 포기하지 않고 믿고 기다려준 편집장님 덕분에 이 책을 완성할 수 있었다.

그렇게 써내려 간 초안을 나의 벗들이 함께 읽어주었다. 그들 덕분에 나만 아는 이야기에 그치지 않고 다른 사람이 이해할 수 있는 글이 되었다고 생각한다. 지루한 과학 분야의 글인데도 재미있으니 언제든 보여달라는 응원 덕분에 이 책을 마감할 수 있었다. 마지막으로 책을 쓸 수 있게 편집장님과 나를 이어준 허나겸씨에게 진심으로 감사드린다.

빙하가 들려주는 과거 기후 이야기와 매년 계약을 연장하며 연구자로서 생명을 간당간당하게 연명하고 있는 과학자 이야기를 이 책에 담았다. 책 계약서를 쓸 때만 해도 나는 빙하에 대해 잘 알고 있다고 생각했다. 그러나 책을 쓰면서 내가 알고 있는 것은 '빙산의 일각'임을 뼈저리게 느꼈다. 결국 책을 쓰면서 빙하에 대해 다시 공부했다. 그 과정에서 빙하를 조금 더 잘 이해하게 되자 지구가 더 아름답게 보였다. 평생 빙하 곁에 머물고 싶다. 내가 빙하를 사랑하는 만큼 당신이 빙하에 조금이라도 관심을 가져주길 바라는 마음이 이 책에 담겼길 바란다.

떠나기 전 방문한 러셀 빙하.

주

1. Doe, B. R. (1983), "The past is the key to the future", *Geochimica et Cosmochimica Acta.* 47(8), pp. 1341-1354.

2. 허순도, & 안진호. (2017), 「남극 블루아이스를 활용한 고기후 연구」, 『지질학회지』, 53(4), pp. 597-608.

3. Cenozoic CO_2 Proxy Integration Project (CenCO$_2$PIP) Consortium. (2023), "Toward a Cenozoix history of atmospheric CO_2", *Science*, 382(6675), DOI:10.1126/science.adi5177.

4. Bereiter, B., Eggleston, S., Schmitt, J., Nehrbass-Ahles, C., Stocker, T. F., Fischer, H., Kipfstuhl, S., and Chappellaz, J., (2015), "Revision of the EPICA Dome C CO2 record from 800 to 600 kyr before present", *Geophysical Research Letters*, 42(2), pp. 542-549.

    Jouzel, J., Masson-Delmotte, V., Cattani, O., Dreyfus, G., Falourd, S., Hoffmann, G., Minster, B., Nouet, J., Barnola, J.-M., and Chappellaz, J., (2007), "Orbital and millennial Antarctic climate variability over the past 800,000 years", *Science*, 317(5839), pp. 793-796.

5. Nehrbass-Ahles, C., Shin, J., Schmitt, J., Bereiter, B., Joos, F., Schilt, A., ... & Stocker, T. F., (2020), "Abrupt CO2 release to the atmosphere under glacial and early interglacial climate conditions", *Science*, 369(6506), pp. 1000-1005.

6. Barker, S., Knorr, G., Edwards, R. L., Parrenin, F., Putnam, A. E., Skinner, L. C., ... & Ziegler, M. (2011), "800,000 years of abrupt climate variability", *Science*, 334(6054), pp. 347-351.

7. Margari, V., Skinner, L., Tzedakis, P., Ganopolski, A., Vautravers, M., and Shackleton, N., (2010), "The nature of millennial-scale climate variability during the past two glacial periods", *Nature Geoscience*, 3(2), pp. 127-131.

8. Shin, J., Nehrbass-Ahles, C., Grilli, R., Chowdhry Beeman, J., Parrenin, F., Teste, G., Landais, A., Schmidely, L., Silva, L., and Schmitt, J., (2020), "Millennial-scale atmospheric CO 2 variations during the Marine Isotope Stage 6 period (190–135 ka)", *Climate of the Past*, 16(6), pp. 2203-2219.

9. Ganopolski, A., Winkelmann, R., & Schellnhuber, H. J. (2016), "Critical insolation–CO_2 relation for diagnosing past and future glacial inception", *Nature*, 529, pp. 200-203.

10. Ruddiman, W. F. (2003), "The anthropogenic greenhouse era began thousands of years ago", *Climatic change*, 61(3), pp. 261-293.

11. Crutzen, P. J., & Stoermer, E. F. (2000), "Global change newsletter", *The Anthropocene*, 41, pp. 17-18.

12. 김지성, 남욱현, & 임현수. (2016), 「인류세(Anthropocene)의 시점과 의미」, 『지질학회지』, 52(2), pp. 163-171.

13. Elsig, J., Schmitt, J., Leuenberger, D., Schneider, R., Eyer, M., Leuenberger, M., Joos, F., Fischer, H., and Stocker, T. F., (2009), "Stable isotope constraints on Holocene carbon cycle changes from an Antarctic ice core", *Nature*, 461(7263), pp. 507-510.

14. Donald, D. B., Syrgiannis, J., Crosley, R. W., Holdsworth, G., Muir, D. C., Rosenberg, B., ... & Schindler, D. W. (1999), "Delayed deposition of organochlorine pesticides at a temperate glacier", *Environmental science & technology*, 33(11), pp. 1794-1798.

15. Blais, J. M., Schindler, D. W., Muir, D. C., Kimpe, L. E., Donald, D. B., & Rosenberg, B. (1998), "Accumulation of persistent organochlorine compounds in mountains of western Canada", *Nature*, 395(6702), pp. 585-588.

16. 박차영. (2022. 03. 15). 「바이킹의 신세계②… 그린란드의 개척자」, 『아틀라스』. http://www.atlasnews.co.kr/news/articleView.html?idxno=4871.

17. Benson, E. (2015. 12. 23), "Giant Balls of Bacteria Pile Up on Arctic Laske Beds, Oozs Toxin", *Eos*. https://eos.org/articles/giant-balls-of-bacteria-pile-up-on-arctic-lake-beds-ooze-toxin.

18. https://eastgrip.org/Camplife.html.

19. https://eastgrip.org/Bedrock.

20. 박영률. (2012. 02. 26), 「코리안루트 뚫고 내륙기지 지어 남극연구 종결자 될것」, 『한겨레』. https://www.hani.co.kr/arti/economy/economy_general/520842.html.

21. Nichlas, E. M. (2021. 03. 21), "Q&A: What does it mean to be a woman in the geosciences?", *Stanford University School news*. https://sustainability.stanford.edu/news/qa-what-does-it-mean-be-woman-geosciences.

빙하 곁에 머물기

초판 인쇄 2025년 1월 16일
초판 발행 2025년 1월 24일

지은이 신진화
발행인 강성민
편집장 이은혜
편집 황혜주 양나래
마케팅 정민호 박치우 한민아 이민경 박진희 황승현
브랜딩 함유지 함근아 박민재 김희숙 이송이 김하연 박다솔 조다현 배진성 이준희
제작 강신은 김동욱 이순호

펴낸곳 (주)글항아리 | 출판등록 2009년 1월 19일 제406-2009-000002호

주소 경기도 파주시 심학산로10 3층
전자우편 bookpot@hanmail.net
전화번호 031-955-2689(마케팅) 031-941-5161(편집부)

ISBN 979-11-6909-344-6 03400

www.geulhangari.com